天津碱厂碱渣土的工程利用研究

李显忠　主编

U0195472

海洋出版社

2013 年 · 北京

图书在版编目（CIP）数据

天津碱厂碱渣土的工程利用研究/李显忠主编.
—北京：海洋出版社，2013.12
ISBN 978 – 7 – 5027 – 8777 – 6

Ⅰ.①天…　Ⅱ.①李…　Ⅲ.①制碱厂 – 碱渣 – 废物综
合利用 – 研究　Ⅳ.①X705

中国版本图书馆 CIP 数据核字（2013）第 005037 号

责任编辑：杨海萍　张　荣
责任印制：赵麟苏

海洋出版社　出版发行

http://www.oceanpress.com.cn
北京市海淀区大慧寺路 8 号　邮编：100081
北京旺都印务有限公司印刷　新华书店北京发行所经销
2013 年 12 月第 1 版　2013 年 12 月第 1 次印刷
开本：787 mm × 1092 mm　1/16　印张：18.75
字数：342 千字　定价：68.00 元
发行部：62132549　邮购部：68038093　总编室：62114335
海洋版图书印、装错误可随时退换

序　言

　　纯碱是重要的化工原料。目前我国生产纯碱多采用氨碱法，其产量占纯碱总产量的 60% 以上。这一工艺在我国沿用数十年，其致命弱点是蒸氨工艺流程产生大量的废渣废液。我国现有多个大型碱厂，年产碱渣上千万吨。

　　目前，国内外对碱厂产生的碱渣大规模处理没有找到合适的方法，都或多或少存在污染问题，且碱渣的处理费用越来越高，严重影响了碱厂的生存和发展。

　　本书介绍的"天津碱厂碱渣土的工程利用研究"是建设部科学技术成果，鉴定证书"建科鉴字［97］第 95 号"，建设部 2000 年科技成果推广转化指南项目。

　　这是一项制碱工业废弃物利用"变废为宝"的环境工程研究成果。通过对天津碱厂碱渣及不同拌和材料和配比的碱渣土进行了化学成分、物理力学性质指标、微观结构、强度形成机理等方面的研究，通过大量可靠的室内外试验和工程实践将碱渣制成有最合理配比的碱渣土，适用于天津市塘沽区、开发区、保税区、天津港等滨海高盐渍土地带，并在实际应用中大规模用于低洼区、滩涂区的工程填垫，从根本上解决了天津碱厂碱渣无处堆放和引起的环境恶化问题，有效的保护和开发利用了土地资源，产生直接经济效益 30 亿元左右。

　　填垫回用后，不会引起土壤、地下水环境中盐基离子、有害元素的二次污染。将碱渣变废为宝，在碱渣土填垫区域新建了大量的住宅小区和休闲公园，改善了人民生活，社会和环境效益亦极为显著。

　　同时，该成果具有碱渣处理费用低、碱渣土工程利用技术可靠、易操作等特点，为我国其他大型碱厂的碱渣大规模处理提供了行之有效的处理方法，因而有着很大的应用推广市场，必将产生更大的社会、经济与环境效益。

　　该书实用性强，技术先进，应用推广市场广泛。将其出版发行将具有重要的社会意义。

吉鸿琪

教授　中国勘察大师

前　　言

　　天津碱厂碱渣山是天津市最大的工业固体废弃物污染源，碱渣治理工程为天津市十大重点环保工程之一。为此，当地政府投入了大量人力、物力进行了专项治理工程，历时 5 年完成。"天津碱厂碱渣土的工程利用研究"通过对碱渣土微观机理的研究，将碱渣与粉煤灰等废弃物配制成工程土，大规模应用于塘沽区低洼地带及滩涂区的工程填垫，将碱渣"变废为宝"，有效增加了土地利用资源、改善了人民生活条件、解决了对环境的污染，经济、社会、环境效益明显，是一项"功在当代、利在千秋"的伟大壮举。

　　本书就是对该研究的成果总结。

　　本书由中国建筑科学研究院、中国建筑技术集团副总工程师李显忠教授主编，共 8 章。参加本书编写工作的有：中国建筑技术集团有限公司石明磊、冯禄、奚道雷、顾业锋、魏金玉、董海欧、孟庆周、郝世华、靳成强；中铁工程设计院有限公司张效军；山东鑫国基础工程有限公司王红兵、王庆海；北京通联地基基础工程有限公司佟玉良；铁道第三勘察设计院集团有限公司田学伟。

　　在研究过程中，得到了科技部、住房和城乡建设部、中国建筑科学研究院、中国建筑技术集团有限公司、建设部综合勘察研究设计院、建设部建设环境工程技术中心、天津市塘沽区政府、天津塘沽区碱渣治理领导小组、天津碱厂、天津塘沽房地产开发总公司、天津大学岩土工程研究所、天津市塘沽区环保局、青岛海洋大学有关领导、专家和同事的大力支持和帮助，在此向他们表示衷心的感谢。

　　国家勘察大师方鸿琪教授为本书作序，在此表示深深的感谢；在统稿过程中，石明磊、董海欧等付出了辛勤劳动，向他们表示衷心的感谢；本书出版工作得到海洋出版社杨海萍编辑和张荣编辑的倾心帮助，在此也表示诚挚的感谢。

　　由于编者水平有限，书中难免有欠妥之处，敬请读者批评指正。

编者语

目　录

1　绪论 ·· （1）

1.1　碱渣治理研究现状 ··· （1）

1.2　碱渣土研究理论与方法综述 ······································ （5）

1.3　碱渣土工程利用研究的现状及创新点 ······················· （10）

1.4　碱渣治理工程实施意义 ··· （11）

2　碱渣的工程性质与微观研究 ·· （14）

2.1　碱渣的生成、化学成分及物理力学性质 ····················· （14）

2.1.1　碱渣的生成与堆存 ·· （14）

2.1.2　碱渣的化学成分 ··· （15）

2.1.3　碱渣的物理力学性质 ······································ （16）

2.2　碱渣的微观结构及其成因 ······································ （19）

2.2.1　碱渣的微观结构 ··· （19）

2.2.2　碱渣微观结构的成因 ······································ （23）

3　碱渣土的工程性质与微观研究 ····································· （31）

3.1　碱渣土的工程性质 ·· （31）

3.1.1　碱渣土的物理指标 ·· （31）

3.1.2　碱渣土的力学指标 ·· （33）

3.1.3　不同拌和材料和配比的碱渣土的物理力学性质指标 ······· （38）

3.1.4　现场地基承载力试验 ······································ （42）

3.1.5　结论意见 ·· （47）

3.2　碱渣土与一般黏性土的工程特性的比较 ····················· （48）

3.2.1　概述 ·· （48）

3.2.2　塘沽软土的矿物成分和微观结构 ························· （48）

1

3.2.3 新港软土与吹填的碱渣土的物理力学性质的比较 ………… (50)

3.2.4 碱渣土与黏性土的工程性质的比较 ……………… (50)

3.3 碱渣土的强度形成机理 …………………………… (53)

3.3.1 碱渣废液的胶体化学性质 …………………… (53)

3.3.2 孔隙水与矿物颗粒的相互作用 ……………… (57)

3.3.3 碱渣制工程土的强度形成机理 ……………… (60)

3.4 碱渣与增钙灰拌和形成的碱渣土的微观结构及工程性质 … (62)

3.4.1 引言 ………………………………………… (62)

3.4.2 增钙灰对碱渣的强度提高机理 ……………… (63)

3.4.3 小结 ………………………………………… (65)

3.5 碱渣工程土微观结构的定量分析 ………………… (66)

3.5.1 综述 ………………………………………… (66)

3.5.2 分形维数 …………………………………… (69)

3.5.3 碱渣土微观结构指标的选取 ………………… (74)

3.5.4 土体微观结构图像处理系统 ………………… (77)

3.5.5 碱渣土微结构定量化的结果 ………………… (83)

3.5.6 小结 ………………………………………… (88)

3.6 碱渣制工程土微观结构分析与强度形成机理结论 ……… (89)

4 碱渣土的工程利用研究 ………………………………… (92)

4.1 经碳化压滤的碱渣土特性 ………………………… (92)

4.1.1 室内试验 …………………………………… (93)

4.1.2 载荷试验 …………………………………… (106)

4.2 软基加固 …………………………………………… (111)

4.2.1 概述 ………………………………………… (111)

4.2.2 碱渣的室内试验分析 ………………………… (112)

4.2.3 碱渣的真空预压加固现场试验 ……………… (119)

4.2.4 对拟建的北疆码头后方碱渣堆场加固的建议 ……… (139)

4.2.5 结论 ………………………………………… (140)

   4.3　改性处理 ································· （140）

      4.3.1　试样的拌和成分 ················· （141）

      4.3.2　击实试验 ····················· （141）

      4.3.3　单轴压缩试验 ················· （149）

      4.3.4　试验结果分析 ················· （150）

      4.3.5　结论 ························· （154）

   4.4　双层地基 ····························· （155）

      4.4.1　试验 ························· （155）

      4.4.2　现场施工要点及经济效益 ········· （164）

      4.4.3　结论 ························· （167）

   4.5　碱渣制工程用土 ······················· （168）

   4.6　天津碱厂老碱渣土底层碱渣的加固处理 ····· （170）

5　碱渣对建筑物、建筑材料及其制品的影响 ········· （175）

   5.1　碱渣对建筑物的影响 ··················· （175）

      5.1.1　碱渣对建筑物自身的影响 ········· （175）

      5.1.2　碱渣对地下管道的影响 ··········· （180）

   5.2　碱渣对建筑材料及其制品的影响 ········· （180）

      5.2.1　碱渣对水泥砂浆的腐蚀性 ········· （181）

      5.2.2　碱渣对钢筋的锈蚀 ··············· （182）

6　碱渣土对生态环境的影响 ····················· （184）

   6.1　概况 ······························· （184）

      6.1.1　目的和意义 ··················· （184）

      6.1.2　监测区域环境基本特征 ··········· （184）

      6.1.3　碱渣的成分分析 ················· （184）

      6.1.4　监测因子的选择 ················· （185）

      6.1.5　布点采样 ····················· （185）

   6.2　分析方法及结论 ······················· （186）

      6.2.1　分析方法 ····················· （187）

　　　6.2.2　监测结果分析 ……………………………………………… (187)

　　　6.2.3　碱渣制工程土回用的可能影响分析 …………………… (199)

　　　6.2.4　结论及建议 …………………………………………… (199)

　　6.3　绿化实例 ……………………………………………………… (201)

7　碱渣土的工程利用研究结论及其应用建议 ……………………… (208)

　　7.1　碱渣土的工程利用研究结论 ………………………………… (208)

　　7.2　应用建议 ……………………………………………………… (210)

8　天津市塘沽区碱渣治理开发工程 ………………………………… (211)

　　8.1　概述 …………………………………………………………… (211)

　　　8.1.1　工程概况 ……………………………………………… (211)

　　　8.1.2　气象条件,场地的工程及水文地质概况 ……………… (217)

　　　8.1.3　方案设计范围 ………………………………………… (218)

　　　8.1.4　方案设计主要依据 …………………………………… (218)

　　8.2　工程实施方案 ………………………………………………… (220)

　　　8.2.1　三号路碱渣山清理工程方案设计与实施 …………… (221)

　　　8.2.2　碱渣制工程土填垫工程方案设计与实施 …………… (222)

　　　8.2.3　碱渣治理开发实施对环境的影响分析 ……………… (233)

　　　8.2.4　碱渣制工程土营造屏蔽山(碱渣山公园)工程实施方案设计

　　　　　 ………………………………………………………… (233)

　　　8.2.5　碱渣花园居住小区规划及配套相关工程 …………… (242)

　　8.3　概算、资金来源及盈亏分析 ………………………………… (247)

　　　8.3.1　总投资概算 …………………………………………… (247)

　　　8.3.2　资金筹措 ……………………………………………… (249)

　　　8.3.3　盈亏分析 ……………………………………………… (251)

　　　8.3.4　计算动态指标 ………………………………………… (252)

　　　8.3.5　国民经济评价 ………………………………………… (254)

　　8.4　工程综合效益分析 …………………………………………… (256)

　　　8.4.1　治理碱渣山的重要性和紧迫性 ……………………… (256)

  8.4.2 工程综合效益分析 ································· (257)

8.5 工程实施及成果 ································· (257)

  8.5.1 工程施工过程 ································· (257)

  8.5.2 治理工程成果 ································· (260)

参考文献 ··· (269)

附件1 碱渣土回填的技术规程 ··················· (271)

附件2 建设部科学技术鉴定证书 ··················· (276)

附件3 国家环保总局专家论证意见 ··············· (285)

附件4 建设部科技成果推广转化指南项目证书 ······· (288)

1 绪论

1.1 碱渣治理研究现状

纯碱是重要的化工原料，在国民经济中占有重要的地位，目前我国生产纯碱多采用氨碱法，其产量占纯碱总产量的 60% 以上，这一工艺在我国沿用数十年，其致命弱点是蒸氨工艺流程产生大量的废渣废液。据统计，每生产 1 t 纯碱，排放约 10 m^3 的废液，其中含废渣约 300 ~ 600 kg（视石灰石原料的好坏而定）。其排放和堆存给周围环境造成较大的影响。

目前国内对碱渣的处理，有的碱厂采用从废液中澄清碱渣，然后堆放在堆场上的处理方法，有的碱厂废液废渣直接流入海湾。国内 6 个大型碱厂废液废渣的处理方式如表 1.1.1 所示。表中同时给出各厂废液量、废渣量以及排放地。

在表 1.1.1 的 6 个碱厂中，前两个碱厂建成最早，排放的废渣最多，急需处理的问题最为突出。

表 1.1.1　国内主要碱厂情况一览表

厂名	厂址	规模（万吨/年）	废液量（万吨/年）	废渣量（万吨/年）	排放地	排放方式
大连化学工业公司碱厂	大连湾	55	550	31	大连湾北岸	直接排入
天津碱厂	塘沽	45	450	15	滨海滩涂	围堰
青岛碱厂	沧口区	30	300	5	胶州湾东岸	直接排入
潍坊碱厂	寿光	60	600	25	莱州湾大家洼	围堰
连云港碱厂	连云港	60	600	25	海州湾	围堰
唐山碱厂	唐山	60	600	25	渤海湾	围堰

天津碱厂始建于1923年，是我国最早的碱厂，该厂废液排放是由蒸馏塔底排出后，用泵送到排渣场地，沉积废渣。建厂70余年来，制碱过程中已生产废渣 $1\,500 \times 10^4$ t 以上，堆放高度在 10 m 以上，不仅占用了厂区附近场地，而且堆满了天津盐厂的6号汪子（即蒸发池）（见图1.1.1～1.1.3）、3号汪子（图1.1.4，1.1.5），总占地面积约 3.26 km^2。因受外界影响曾造成三次塌方事故，其中尤以1976年的"唐山大地震"波及该厂的"白灰埝"塌方事故最为严重（图1.1.6）。该厂每年用于渣场的维修费即达200万元。

图1.1.1　6号汪子碱渣山

图1.1.2　碱渣山断面

图 1.1.3　碱渣山局部剖面

图 1.1.4　3 号汪子碱渣山

图 1.1.5　3 号汪子碱渣山

图 1.1.6　碱渣山地震坍塌点

随着沿海天津开发区、天津港保税区的建立，可供堆放碱渣的滩涂、汪子已不复存在，而老渣场即将堆满，解决碱渣的堆放问题已刻不容缓。

综观国外氨碱厂的废渣的排放处理，以俄国氨碱厂的排放问题最为严重。俄国是一个纯碱生产大国，氨碱厂占了一大半，且大部分在内地统计结果表明，仅建立排渣场的废渣堆存费用超过了其加工成商品的费用。例如：斯天杨斯克纯碱联合企业在 20 世纪 80 年代建设排渣场的投资为每平方米 2.32 卢布。

欧洲各国对废渣的处理，措施比较得力，一些国家的氨碱厂先将悬挂浮在废渣中的碱渣澄清，澄清后的碱渣用河水冲淡再送入排渣场，因而除去了大量的 $CaCl_2$ 和 NaCl，易于作为建筑堤坝之用，起到了较好的效果。英国将洗好的废渣与精制的盐水兑合后排入部分开采的盐洞中，也是一个好的方法。意大利罗西略诺厂废液渣直接排海，但在我国是不可行的，因为直接排海浪费了废液中的有效成分（如 NaCl，$CaCl_2$）。此外，废液废渣的排海会使海湾港口淤塞，影响海洋生物的生存。

而天然碱相当丰富的美国到了 1986 年已陆续关闭在 1881—1935 年间建立的 9 个大型氨碱厂，改用天然碱加工生产纯碱，其关闭的主原因就是能源和污染问题。在各氨碱厂的生产过程中，也曾针对废液废渣对环境的污染问题做了大量的研究工作。以美国纽约州西拉丘斯氨碱厂为例，每天生产 2 500 t 纯碱时，生产固体废物 28 350 m^3，制成 5% 的泥浆，顺沟排放到安大略湖两岸堆放废物的渣场，并筑堤筑坝，废渣堆放满后，再加高 1.22 ~ 1.52 m，堤坝高处达 18.23 m。1943 年堤坝断裂一段，废渣流出，铺满附近公路、铁路和纽约州的部分地区，危害很大，对周围环境造成污染。1973年该厂用21千米管道将4 000 m³/d的废液排放到城市废渣液管理厂,用作化学处理的添加剂。

我国是发展中国家,天然碱不够丰富,所以不可能像美国那样关闭氨碱厂。因此,氨碱厂存在一天,废液废渣就存在一天。

所以,对废液废渣加以研究利用,力图变废为宝,成为我国面临的一个十分急迫的任务。

天津碱厂多年来一直努力尝试碱渣综合利用的各种可能途径,取得了可喜成果,如生产氯化钙、碱渣水泥、超细工业添加剂等,但由于资金和场地问题影响了这些成果的迅速投产。另一方面,将碱渣作为二次资源用于工业生产,是一条很有价值的利用途径,但其利用量毕竟有限,想在几年内解决碱渣排放问题是不可能的。

由于天津碱厂碱渣堆积而成的碱渣山地处塘沽城区中心,周围的环境敏感点众多(图1.1.7,图1.1.8)。数十年来,由它所引起的多种污染后果困扰着当地政府和居民群众。随着该地区经济建设的迅速发展和环境意识的增强,它的严重制约作用日益突出,因此寻找一条将碱渣在短时间内进行大规模治理利用的途径意义十分重大。

图1.1.7 天津市塘沽区碱渣山位置图

图 1.1.8 碱渣危害示意图

1.2 碱渣土研究理论与方法综述

由于地质历史、地质环境以及人工活动的影响，自然中存在着多种类型的土，其工程性质也千差万别。对各种类型的土以工程建设为目的进行的分类，称之为土质分类。土质分类是土力学与土质学的基础理论之一，其任务是将各种类型的土，根据当前的认识水平，按其在实际应用中的共性划分为类或组。只有把一件事物的基本性质弄清楚以后，才能对它进行分类。土亦然，必须充分了解了它的宏观、微观性质以后才能对它分门别类，因此可以说土质分类的发展反映了本学科发展现状与发展历史。

现代对各种类型的土的研究表明，土的工程性质不仅仅与粒度组成有关，矿物成分、化学组成、交换阳离子、颗粒间的联系以及地质历史对土的工程性质都有较大的影响。而且随着现代科学技术的发展，研究手段也越来越先进，越来越有利于揭示土力学的本质。

近年来，在各方面的共同努力下，碱渣土作为工程土应用时表现出来的宏观物理力学性质，如强度及变形特性，已基本搞清。碱渣土作为素土的替代物用于低洼地填垫的工程实践已有相当的规模，用碱渣土做公路地基的研究也正在进行。

6

碱渣土作为一种工程用土，在研究方法上自然与其他类型的土有一定的共性，因此在研究中采用了一些常用的研究方法，例如，用差热分析和X—射线衍射来确定碱渣土的矿物成分，同时又根据现有的条件采用了一些新方法和新理论，如利用分形理论对碱渣土的微观图像进行量化。表 1.2.1 ~ 表 1.2.6 列出了各类土（包括碱渣土）的平均的物理力学性质及常用的研究方法。

表 1.2.1　各类土的平均物理学性质的指标

土类	孔隙比 e	天然含水量 ω（%）	塑限 ω_p（%）	液限 ω_L（%）	密度 ρ（g/cm³）	黏聚力 c（kpa）	内摩擦角（度）	变形模量 E_o（MPa）
粗砂	0.4 ~ 0.7	15 ~ 25			2.05 ~ 1.90	2 ~ 0	42 ~ 38	46 ~ 33
中砂	0.4 ~ 0.7	15 ~ 25			2.05 ~ 1.90	3 ~ 1	40 ~ 35	46 ~ 33
细砂	0.4 ~ 0.7	15 ~ 25			2.05 ~ 1.90	6 ~ 2	38 ~ 32	37 ~ 24
粉砂	0.4 ~ 0.8	15 ~ 25			2.05 ~ 1.90	8 ~ 4	36 ~ 28	14 ~ 10
粉土	0.4 ~ 0.7	15 ~ 25	<9.4		2.10 ~ 1.95	10 ~ 5	30 ~ 27	18 ~ 11
	0.4 ~ 0.7	15 ~ 25	9.5 ~ 12.4		2.10 ~ 1.95	12 ~ 6	25 ~ 23	23 ~ 13
黏性土	0.4 ~ 0.8	15 ~ 29	12.5 ~ 15.4		2.10 ~ 1.90	42 ~ 7	24 ~ 21	45 ~ 12
	0.5 ~ 1.0	19 ~ 40	15.5 ~ 18.4		2.00 ~ 1.80	50 ~ 8	22 ~ 18	39 ~ 8
	0.6 ~ 1.0	23 ~ 40	18.5 ~ 22.4		1.95 ~ 1.80	68 ~ 19	20 ~ 17	33 ~ 9
黏土	0.7 ~ 1.1	26 ~ 40	22.5 ~ 26.4		1.90 ~ 1.75	82 ~ 36	18 ~ 16	28 ~ 11
	0.8 ~ 1.1	30 ~ 40	26.5 ~ 30.4		1.85 ~ 1.75	94 ~ 47	16 ~ 15	24 ~ 14
黄土	0.85 ~ 1.24	8.1 ~ 25	14.0 ~ 19.7	23.9 ~ 29.4	1.35 ~ 1.73	10 ~ 35	24 ~ 36	
膨胀土	0.62 ~ 1.53	23 ~ 37.3	19.5 ~ 26.1	44.8 ~ 68.0	1.87 ~ 2.11			
红黏土	1.1 ~ 1.7	30 ~ 60	60 ~ 110	25 ~ 50	1.68 ~ 1.89			10 ~ 30
软土	0.97 ~ 1.86	34 ~ 71	17 ~ 40	34.0 ~ 72.0	1.86 ~ 1.60	5 ~ 17	5 ~ 15	
碱渣土	4.93	80 ~ 90	62.5	80.2	2.35	50	43	14.6 ~ 37.5

表 1.2.2 各类土的平均渗透系数

土类	渗透系数 k（cm/s）	土类	渗透系数 k（cm/s）
粗砂	$2.4 \times 10^{-2} \sim 6.0 \times 10^{-2}$	黏土	2.4×10^{-6}
中砂	$6.0 \times 10^{-3} \sim 2.4 \times 10^{-2}$	黄土	$3.0 \times 10^{-4} \sim 6.0 \times 10^{-4}$
细砂	$1.2 \times 10^{-3} \sim 6.0 \times 10^{-3}$	膨胀土	
粉砂	$6.0 \times 10^{-4} \sim 1.2 \times 10^{-3}$	红黏土	1×10^{-8}
粉土	$6.0 \times 10^{-5} \sim 6.0 \times 10^{-4}$	软土	$3.0 \times 10^{-6} \sim 7.0 \times 10^{-8}$
黏性土	$1.2 \times 10^{-6} \sim 6.0 \times 10^{-5}$	碱渣土	1.3×10^{-5}

表 1.2.3 几种特种土的主要工程特性

土种	工程特性
黄土	有强烈的湿陷性，当含量水量低时，湿陷性强烈，但土的承载力较高，随含水量的增大，湿陷性逐渐减弱；饱和度与湿陷系数成反比直线关系；液限是决定黄土性质的另一个重要因素，液限小于 30%，湿陷较为强烈，但承载力也较高；浸水过程中黄土的抗剪强度最低，浸水过程结束后，尽管其含水量较高，但由于湿陷压缩已基本结束，所以抗剪强度反而高些
膨胀土	多呈坚硬—硬塑状态，结构致密，成棱形土块常具有胀缩性，棱块越小，胀缩性越大；土内分布有裂隙，裂隙越发达，胀缩性越严重
软土	具有触变性，流变性，高压缩性，低强度，低透水性，不均匀性的特征
红黏土	棕红或褐黄色；天然含水量、孔隙比、饱和度以及液限都很高，但却具有较高的力学强度和较低的压缩性；各种指标的变化幅度都较大
碱渣土	大孔隙比，但压缩性不高；高含水量，高液塑性，在最优（或接近最优）含水时其强度参数，如黏结力和摩擦角都很高；易风干，并且风干后变粉，强度丧失

表 1.2.4 各类土常采用的研究方法及研究目的

研究方法	研究目的
差热分析	利用矿物在加热过程中发生的热效应特征来鉴定矿物成分，以此研究各种矿物成分对土的黏性、塑性、渗透性、膨胀性、压缩性等物理力学性质的影响
X—射线	利用矿物的晶体结构的不同衍射数据来鉴定矿物成分，以此来研究各种矿物成分对土的黏性、塑性、渗透性、膨胀性、压缩性等物理力学性质的影响

研究方法	研究目的
化学分析	能全面的分析土的组成元素（包括微量元素），从而分析它们对土的微观结构及物理化学性质的影响
电子显微镜分析	观察土颗粒的几何形状以及颗粒之间的结合特征，从而分析土的结构性、土颗粒比表面积，并以此来分析土的物理力学性质
对土的微结构的定量分析	定义土的微结构指标，如：定向性、颗粒的扁圆度、粒径、孔隙大小、粒度分布等，并从土的电镜扫描图像或 X－射线衍射结果中提取出这些指标，从而对土的微结构有一个定量的了解
ζ—电位测定试验	测定土颗粒的 ζ—电位，确定土颗粒双电层厚度以及颗粒的带电性，进而分析土的结合水、黏结力、摩擦角、含水量、渗透性等
聚沉试验	分析土是否具有胶体化学性质，进而分析土的结合水、渗透性、黏结力、摩擦角等物理力学性质
流变性试验	研究土的流变性质

表 1.2.5 对上述几种特殊土的工程特性在微观上的粗略解释

土种	微观解释
黄土	欠压密说具有较多的支持者，该假说认为黄土是在干旱和半干旱条件下形成，由于蒸发量大，水分不断减少，盐类析出，胶体凝结，产生了加固黏聚力，在土湿度不大的情况下，上覆土不足以克服土中形成的加固黏聚力，因而形成欠压密状态，一旦受水浸湿，加固黏聚力消失，就产生湿陷
膨胀土	其主要矿物成分是次生黏土矿物—蒙脱石和伊利石，具有较高的亲水性，当失水时土体即伸缩，甚至出现干裂，遇水时即膨胀隆起
软土	软土的形成主要与沉积环境有关
红黏土	红黏土中富含游离铁、铝氧化物，使大部分黏粒集聚起来形成集聚体，集聚体间及其内部微毛细孔相当发育，致使此种土有高孔隙比、低容重等特点，微毛细孔中填满的毛细水对土的塑性指标的测定影响很大

上述的研究方法对碱渣土的研究具有重要的意义。表 1.2.6 列出了目前对碱渣土的主要研究手段经及取得的主要成果。

表 1.2.6　对碱渣土采用的研究方法

研究手段	研究成果
差热分析	表明碱渣的主要矿物成分是文石,方解石占一小部分
X-射线	同上
化学分析	分析出碱渣的主要化学成分是碳酸钙,并含有少量镁、硅、铝的化合物;可溶性盐主要为 $CaCl_2$、$MgCl_2$、$NaCl$ 等,结合矿物分析结果,指出 Mg^{2+} 对文石的生成有重要的影响;分析了碱渣与增钙灰之间的化学作用
电子显微镜分析	观察了碱渣的微结构形态,指出碱渣颗粒的团聚体形态对碱渣的高含水量、中等压缩性、良好的渗透性进行了分析,并据此指出真空预压对碱渣来说不是一个良好的加固方法;对碱渣颗粒之间的胶结情况进行了分析
微结构的定量分析	根据分形理论针对土的电镜扫描图像定义了土的微结构指标,并编制了相应的计算机程序,计算了碱渣的相应的指标,从而对碱渣的微观图像有了一个初步的定量化的了解
ζ-电位测定试验	碱渣的 ζ-电位极低,扩散层很薄,处于约束状态的结合水很少,因此可以移动的自由水很多,因此在宏观上碱渣的渗透性较大,所以碱渣在快剪条件下其强度指标高于黏土
聚沉试验	碱液具有胶体性质,因此对碱渣颗粒之间的接触形式,颗粒的多孔形态具有重要的影响
流变性试验	沉积的渣液具有流变性的特点

采用上述的研究方法,基本搞清了碱渣的微观特征,并对它的宏观性质作了相应的解释,为其工程利用打下了基础。

1.3　碱渣土工程利用研究的现状及创新点

碱渣土工程利用研究主要采用室内模拟试验、野外现场试验为技术手段,对碱渣土的工程性能与其工程利用进行全面分析研究,同时通过具体工程项目来评价其对环境的影响。

对碱渣土工程利用研究成果目前已在天津塘沽区大规模推广应用,取得了显著的社会效益、经济效益和环境效益,研究的创新点主要如下:

(1) 研究成果解决了碱渣土的工程性能、工程利用,环境影响三方面的问题,成果证明碱渣土可以作为工程用土,不仅可以在天津塘沽区大规模用于低洼地区和滩涂工程填垫,而且可以改善生态环境。

10

（2）将碱渣与粉煤灰按一定比例制成碱渣土，技术方法可靠，易操作，速度快且成本低。在将白色污染源碱渣治理的同时，也利用和治理了黑色污染源粉煤灰，起到了一举双得的效果。此举为我国大型碱厂碱渣大规模处理提供了可行的技术方法和途径。

（3）制定了较为完善的碱渣土回填技术规程，保证了碱渣土回填利用工程项目的质量。

（4）碱渣土的工程利用方法用于治理碱渣可以有力地保护塘沽地区日益匮乏的土地资源，缓解工程用土严重不足的矛盾。由于天津碱厂碱渣山位于塘沽区市中心地带，碱渣治理后政府可在腾出的土地上建设住宅居住区，并带动与之相关的产业发展。塘沽区地处渤海岸边，大面积土地为盐碱低洼土地，对这些土地利用时，必须进行填垫以调整质量。由于本地区盐渍化程度高，环境对填垫土壤要求水平较低，用碱渣土作为工程建设的地基填垫用土是可行的，因此可以对碱渣制工程土填垫的大面积的低洼土地进行再利用，使土地进一步升值。

1.4 碱渣治理工程实施意义

（1）清理污染，造福于民。碱渣外观为白色膏状物，干燥后没有活性呈白色粉尘状，遇风飞扬（图1.4.1），碱渣山上垃圾成堆、脏乱不堪（图1.4.2），与居民区相杂，严重影响周围环境和居民生活（图1.4.3，图1.4.4）。治理碱渣污染，能彻底改善塘沽地区近一半居民群众的生活和工作环境。

图1.4.1　碱渣山上粉尘飞扬

图 1.4.2 垃圾成堆的碱渣山

图 1.4.3 与居民区相杂，影响居民生活

图 1.4.4 与居民区相杂，影响居民生活

（2）改善塘沽区投资环境，加快招商引资步伐。环境问题始终是外商非常敏感的问题，也是塘沽区近几年在招商引资过程中屡屡遇到的问题。解决碱渣污染，将极大地促进塘沽区投资环境的改善。

（3）沟通城市交通网络，实现几个经济区域的地理联合，使塘沽区、天津经济技术开发区、天津保税区、港区形成合理便捷的城市交通网络，有利于本地区的城市发展和经济建设。

（4）治理碱渣可以有力地保护塘沽地区日益匮乏的土地资源，缓解工程用土严重不足的矛盾。

（5）在治理后的碱渣堆场原址上建设一个有规模、上档次的居住区，创造一个良好的居住环境，可以振奋滨海地区人民精神，提高滨海城区的档次。

（6）缓解天津碱厂的生存压力。天津碱厂作为一个大型国有企业，在经济改革日益深入的今天遇到诸多困难，企业要生存就要生产。虽然企业也在千方百计的采取技改等手段改善生产流程，但凭借其自身经济能力难以在短时间内彻底治理过去生产出的碱渣。

（7）彻底解决了碱渣山体不稳定造成的安全隐患，保证周围群众的生命财产安全。

综上所述，碱渣治理是一项利国利民的综合环境治理系统工程，对改善滨海新区中心投资环境和人民群众居住环境有着十分重要的意义，可以带来巨大的社会效益、环境效益和经济效益。

2 碱渣的工程性质与微观研究

2.1 碱渣的生成、化学成分及物理力学性质

2.1.1 碱渣的生成与堆存

氨碱法的生产程序大致可分为以下步骤：

（1）二氧化碳气和石灰乳的制备。煅烧石灰石制得石灰和二氧化碳，石灰消化而得石灰乳。

（2）盐水的制备、精制及氨化，制得氨盐水。

（3）通过氨盐水的碳酸化制纯碱。来自石灰石煅烧及重碱煅烧的二氧化碳经压缩、冷却送至碳化塔。

（4）重碱的过滤及洗涤（即碳化所得晶浆的液固分离）。

（5）重碱煅烧制得纯碱成品及二氧化碳。

（6）母液中氨的蒸馏及回收。

其工艺流程如图 2.1.1 所示：

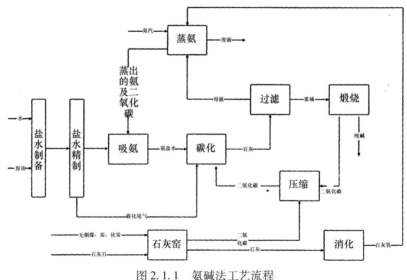

图 2.1.1 氨碱法工艺流程

碱渣主要是在蒸氨工序中产生的。其主要的化学方程式如下：

（1）预热段中的反应：

$$NH_4OH \xrightarrow{\Delta} NH_3 \uparrow + H_2O$$

$$(NH_4)_2CO_3 \xrightarrow{\Delta} 2NH_3 \uparrow + CO_2 \uparrow + H_2O$$

$$NH_4HCO_3 \xrightarrow{\Delta} NH_3 \uparrow + CO_2 \uparrow + H_2O$$

溶解于过滤母液中的 $NaHCO_3$ 和 Na_2CO_3 发生如下反应：

$$NaHCO_3 + NH_4Cl \longrightarrow NaCl + NH_3 \uparrow + H_2O + CO_2 \uparrow$$

$$Na_2CO_3 + 2NH_4Cl \longrightarrow 2NaCl + 2NH_3 \uparrow + CO_2 \uparrow + H_2O$$

（2）在调和槽中及石灰乳蒸馏段中的反应：

$$Ca(OH)_2 + 2NH_4Cl \longrightarrow CaCl_2 + 2NH_3 \uparrow + 2H_2O$$

$$Ca(OH)_2 + CO_2 \longrightarrow CaCO_3 \downarrow + H_2O$$

新排除的精制废液输送到渣场的浆池中进行沉淀，然后再把沉淀后的清液排除，这样出的废渣一层层向上堆积，日积月累，逐渐形成若干占地面积达数平方千米的碱渣堆。由于得不到有效的治理，有些老渣堆已堆放了几十年之久，对当地的环境和经济发展造成了不良的影响。从上述的化学反应式来看，新排碱渣的主要成分是碳酸钙。

2.1.2 碱渣的化学成分

1）碱渣的化学组成

从上述碱渣的生成过程可以看出，碱渣是 CaO 和 NaCl 纯碱在特定的流程之后的副产品，对风干碱渣试样的全化学分析结果见表 2.1.1；IPC 微量元素的含量分析结果见表 2.1.2。

表 2.1.1 碱渣的化学全分析结果

成　分	SiO_2	TiO_2	Fe_2O_3	Al_2O_3	FeO	MnO	MgO
含量（%）	0.34	0.08	0.89	1.02	0.02	0.02	3.57
成　分	CaO	Na_2O	K_2O	P_2O_5	烧失量	烧失 CO_2	比重
含量（%）	32.25	2.35	0.18	0.06	49.03	29.85	2.34

表 2.1.2 碱渣中微量元素含量

成　分	Ba	Sr	V	Ni	Cu	Co	Cr	Mo	Zn	Ca	Nb
含量（ppm）	45.7	311.2	18.3	1.9	5.7	1.7	22.2	0.24	0	3.6	0

成 分	Sc	Sn	Ta	Y	Yb	Be	Ce	Pb	Zr	La	Li
含量（ppm）	5.0	1.9	0.7	10.9	0.7	1.0	39.1	11.8	31.3	21.4	2.2

根据化学分析的结果，由 CaO 含量与烧失的 CO_2 含量可知，$CaCO_3$ 的含量为 65.1%；烧失量中还有一部分水，说明材料在风干后仍有 20% 以左右的结合水；另外，注意 MgO 的含量仅次于 CaO，Mg^{2+} 矿在的微结构有重大的影响，在后面会论述到。

2）固体分离中易溶盐的化学成分

由碱渣浸提液的化学分析可得其中易溶盐的离子含量，如表 2.1.3 所示，据此可知易溶盐化合物的组成，如表 2.1.4 所示。

表 2.1.3　易溶盐分析结果

阳离子	Ca^{2+}	Mg^{2+}	Na^+	K^+	总量	pH 值
含量（mg/100g）	4248.1	83.6	96.3	9.77	466.1	9.20
阴离子	HCO_3^-	CO_3^{2-}	SO_4^{2-}	Cl^-	总量	干涸残渣
含量（mg/100g）	0	18.8	250.5	7 709.1	7 978.4	13 880

表 2.1.4　易溶盐化合物组成

化合物	$CaCl_2$	$MgCl_2$	$CaSO_4$	NaCl	Na_2CO_3	KCl
占易溶盐（100%）	92.3	3.08	2.34	1.60	0.28	0.11
占废料（100%）	12.8	0.43	0.32	0.20	0.04	0.02

易溶盐化学分析表明，碱渣为碱性材料，其 pH 值为 9.2，其总含盐量为 13.88%，盐类注意成分是 $CaCl_2$，占含盐量的 92.3%，其他盐类占 7.0%，包括 $MgCl_2$、NaCl 和 $CaSO_4$，它们在废液中的含量均小于 0.5%。由于碱性作用，碱渣对钢筋混凝土不会造成很大腐蚀，但其中的 $CaCl_2$、$MgCl_2$ 和 NaCl 都有在潮湿环境中潮解的特性，因此在发展利用中应引起重视。

2.1.3　碱渣的物理力学性质

1）碱渣固形物的粒度

根据筛分的结果，测定碱渣固形的粒度如表 2.1.5 和图 2.1.2 所示。

表 2.1.5 碱渣固形物的粒度表

粒级（mm）	>0.42	0.42~0.177	0.177~0.149	0.149~0.074	0.074~0.01
重量（%）	1.2	1.92	2.1	4.5	80.1

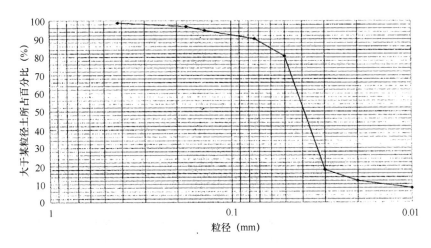

图 2.1.2 碱渣颗粒级配曲线

可以看到，碱渣颗粒中以粉粒（粒径介于 0.074~0.01 mm 之间）为主（占 80%）。

2）重度及含水量

将重度为 11.55~11.8 kN/m³ 的碱渣废液用泵填充于室内试验槽中使其在自重下自然沉积，排水固结。约经历 1 个小时，测定其重度与含水量关系，如表 2.1.6 所示。

对上述方法制备的碱渣试样在南 - 55 型渗透仪中采用变水头试样方法测定其渗透系数，结果如表 2.1.7 所示。

对上述方法制备的碱渣试样在直剪仪中进行了直剪试验，结果如表 2.1.8 所示。

表 2.1.6 碱渣的重度及含水量

试样编号	湿重度（kN/m³）	干重度（kN/m³）	含水量（%）
No. 1	12.3	3.6	242.0
No. 2	12.4	3.9	220.0
No. 3	12.3	3.7	231.0

试样编号	湿重度（kN/m³）	干重度（kN/m³）	含水量（%）
No. 4	12. 3	3. 7	231. 0
No. 5	12. 8	3. 7	221. 0
No. 6	12. 0	3. 7	222. 0
No. 7	12. 0	3. 8	222. 0
No. 8	12. 0	3. 8	223. 0
No. 9	11. 8	3. 7	226. 0
No. 10	11. 9	3. 6	225. 0

表 2.1.7 碱渣试样的渗透试验结果

试验仪器编号	试样编号	渗透系数（×10⁻⁵cm/s）
渗透 – 1	No. 1	1. 71
	No. 2	1. 70
	No. 3	1. 53
	No. 4	1. 73
	No. 5	1. 82
渗透 – 2	No. 6	0. 95
	No. 7	0. 89
	No. 8	1. 06
	No. 9	1. 42
	No. 10	1. 35

表 2.1.8 碱渣试样的直剪试验结果

试样编号	内摩擦角（°）	黏结力（kPa）	正压力范围（kPa）	试样初始高度（mm）	剪切终了时垂直变形（mm）
No. 1	18	10	50 ~ 300	3. 6	242. 0
No. 2	21	9	50 ~ 300	3. 9	220. 0
No. 3	20	2	50 ~ 300	3. 7	231. 0
No. 4	19	4	50 ~ 300	3. 7	231. 0
No. 5	19	3	50 ~ 300	3. 7	221. 0
No. 6	21	6	50 ~ 300	3. 7	222. 0

试样编号	内摩擦角（°）	黏结力（kPa）	正压力范围（kPa）	试样初始高度（mm）	剪切终了时垂直变形（mm）
No. 7	22	10	50~300	3.8	222.0
No. 8	21	5	50~300	3.8	223.0
No. 9	20	5	50~300	3.7	226.0
No. 10	19	7	50~300	3.6	225.0

2.2 碱渣的微观结构及其成因

2.2.1 碱渣的微观结构

为了搞清碱渣的微观结构，采用了差热分析，能谱分析，X－射线衍射和电镜扫描等多种技术手段对固相碱渣进行了研究。

1）差热分析结果

采用差热分析得出的差热曲线如图 2.2.1 所示。由图中可以看到，在差热曲线上，433℃和857℃处对应有两个吸热谷，说明固态物质为文石，它是结晶不良的 $CaCO_3$。曲线上 138℃处尚有一极发育的低温吸热谷，说明固体废料中含有大量水分子。

2）X－射线衍射试验结果

将经较长时间风干的固态粉末进行 X－射线衍射试验，结果如图 2.2.2 所示，衍射谱线特征表明，固态物质为方解石。

3）能谱分析结果

能谱分析结果如图 2.2.3 所示，由能谱曲线可知，碱渣主要成分是 $CaCO_3$，其次为 $CaCl_2$、$NaCl$ 和少量氧化物如 SiO_2、MgO 等。

4）扫描电镜分析结果

为保持碱渣的天然结构，我们直接从碱渣渣场取样，自然风干，然后在扫描电镜下进行观察，同时为了更清晰地观察碱渣的单个颗粒，我们把风干的碱渣放在丙酮中，用超声波将其击散，然后在电镜下进行观察，为了说明其成分，再次配合着进行了能谱分析。图2.2.4，2.2.5，2.2.6 为碱渣在不同放大倍数下三张有代表性的图像。从图2.2.4可以看出，碱渣的结构比较松散，表面粗糙，孔隙多，孔隙大，成蜂窝状，颗粒之间有针状的文石起胶结作用，

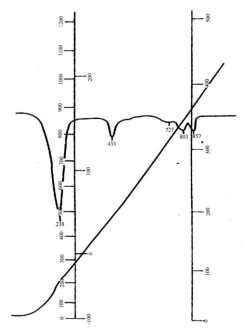

图 2.2.1　碱渣的差热分析曲线

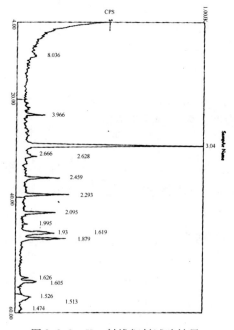

图 2.2.2　X－射线衍射试验结果

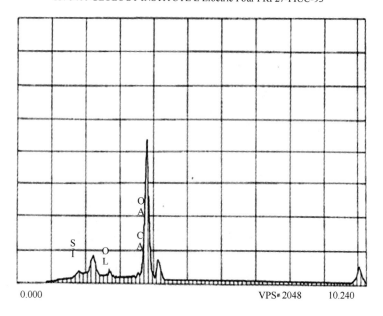

0.000   VPS=2048   10.240

图 2.2.3   能谱分析结果

但胶结作用并不强烈，颗粒之间以点接触方式为主。图 2.2.5 是碱渣经超声
波处理后的扫描图像，这时起胶结作用的针状文石已不复存在，各个颗粒彼
此分离，呈现出它们的本来面目。颗粒的粒径在 0.01 ~ 0.074 mm 之间，属粉
粒范围，这是与颗粒及配的分析结果相一致的。把扫描电镜聚焦在碱渣单个
颗粒的表面上，得到如图 2.2.6 所示的图像，有针状的文石向外丛聚而生，
还有其他铝、硅、镁的晶体或非晶体交错生长，形成一个团聚体，造成其表
面仍然有许多细微孔隙。图 2.2.7、2.2.8 可以看出碱渣颗粒的团聚体结构强
度高，不易遭到破坏，经超声波处理后，仍然保持完好。这些，团聚体起到
了土骨架的作用，这是碱渣能够用于填垫工程的基础，碱渣在微观结构上的
某些特性决定了其宏观特质：

（1）团聚体内部众多的微孔隙对水有强烈的吸附作用，这是碱渣含水量
非常大的原因。

（2）团聚体内部微孔隙的存在，使得碱渣的孔隙比非常大，但是由于压
缩时，颗粒内部的微孔隙很难遭到破坏，所以碱渣的压缩性相对于颗粒组成
（以粉粒为主）来说是正常的，属中等压缩性土。

（3）由于碱渣团聚体间的胶结作用不强，结构比较松散，孔隙比较大，

21

所以采用真空预压加固时所需时间较短。但是由于颗粒对水的强烈吸附，而且碱渣骨架的刚度较大，所以真空预压完成后，碱渣的含水量仍然很大，在100%左右。

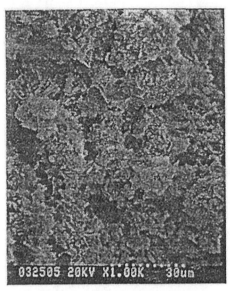

图2.2.4　天然碱渣的整体形貌

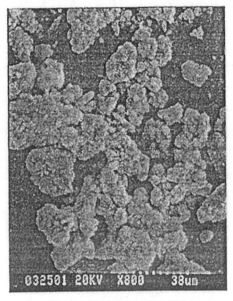

图2.2.5　分散的碱渣颗粒

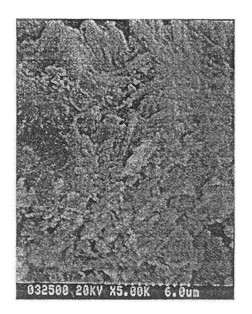

图 2.2.6　碱渣团聚体的表面形貌

图 2.2.7　丛生的针状的文石

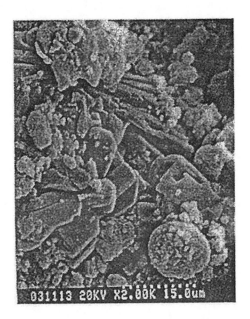

图 2.2.8　碱渣中呈放射状的方解石

2.2.2　碱渣微观结构的成因

1）碱渣颗粒形成中的化学问题

新出的碱渣废液以被管道运送到渣场，沉淀后排出清液，如此循环，层层堆积，最后形成碱渣堆。对固相碱渣的矿物分析表明，碱渣以文石为主，并含有少量方解石及镁、铝、硅，那么它们是如何共生并存的呢？

简单平衡系统 CO_2——H_2O——$CaCO_3$。

$CaCO_3$ 在不含 CO_2 的纯水中的溶解度是微弱的。在近地表的地下水中，方解石的溶解度是 14.3 mg/L，文石的溶解度 15.3 mg/L。随着 CO_2 加入水中，溶解度能达到几百毫升。$CaCO_3$ 在水是溶解或沉淀与 CO_2 的进入或逸出有以下几种平衡关系：

$$CO_2 + H_2O \Longleftrightarrow H_2CO_3 \tag{2-1}$$

$$H_2CO_3 \Longleftrightarrow H^+ + HCO_3^- \tag{2-2}$$

如果溶液中含有游离的 CO_3^{2-}，那么反应式（2-2）中所释放的氢离子就同这种碳酸根离子起反应，生成更多的碳酸氢根：

$$H^+ + CO_3^{2-} \Longleftrightarrow HCO_3^- \tag{2-3}$$

在溶液与固相 $CaCO_3$ 的界面上的平衡是：

24

$$CaCO_3 \Longleftrightarrow Ca^{2+} + CO_3^{2-} \tag{2-4}$$

如果这些平衡向右移动，则 CO_2 和 $CaCO_3$ 都被溶解；如果反应向左方进行，则 CO_2 逸出而 $CaCO_3$ 沉淀。总的结果能够概括为：

$$CO_2 + H_2O + CaCO_3 \Longleftrightarrow Ca^{2+} + 2HCO_3^- \tag{2-5}$$

溶液 pH 值在 8.2 左右时，大部分 CO_2 以 HCO^- 的形式存在，少量以 CO_3^{2-} 形式存在。因为反应式（2-1）和反应式（2-3）进行的很快，反应式（2-1），即水合反应，相对地慢些，但随之就发生如下的瞬时反应：

$$H_2CO_3 + OH^- \Longleftrightarrow HCO_3^- + H_2O \tag{2-6}$$

如果 pH 值超过 9，则另外两个反应占主导地位：

$$CO_2 + OH^- \Longleftrightarrow HCO_3^- \tag{2-7}$$

$$HCO_3^- + OH^- \Longleftrightarrow CO_3^{2-} + H_2O \tag{2-8}$$

反应式（2-7）是慢的，而反应式（2-8）是瞬时的，这时溶液中 CO_3^{2-} 的浓度有所提高。

这样一个平衡体系可以由一些因素复杂化，例如：$CaCO_3$ 多相矿物的存在、方解石晶格中 $MgCO_3$ 固溶体、表面化学以及络合作用等的影响。但是这个简单的体系能说明一个问题，即：碱渣废液的导入和清液的导出这样一个往复循环过程，会引起 CO_2 含量的变化，而 CO_2 含量的变化又引起溶液内部各个平衡体系的移动，进而引起 $CaCO_3$ 的溶解和结晶。这是造成碱渣颗粒上细小晶丛产生的一个重要因素。

2）矿物的转变

固相 $CaCO_3$ 以两种不同的离子构造存在：方解石和文石。

（1）文石（Aragonite）。

成分：$CaCO_3$。

化学组成：CaO 占 6.03%，CO_2 占 43.97%。类质同象混入物有 Sr（可达 5.6%）、Mg、Fe、Zn 和 Pb 等。

形态：柱状及板状（见图 2.2.9）晶体，常为三连晶，断面呈假六边形（见图 2.2.10），集合体常为棒状、发射状。生物贝壳中的珍珠层就是由文石薄片组成的（珍珠也是同文石组成的）。

物理性质：白色或被染为各种颜色，玻璃光泽。平行柱面有不完全的解理。相对密度较大于方解石，为 2.9 ~ 3.1。

成因：文石远少于方解石，为低温矿物之一。是热液作用后期产物。更多的是由沉积作用生成。文石构造不稳定，常转变为方解石，形成副象。

鉴定特征：晶形、解理均与方解石不同。加 HCl 起泡猛烈，在 Ca

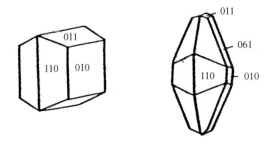

图 2.2.9　文石的晶体形状

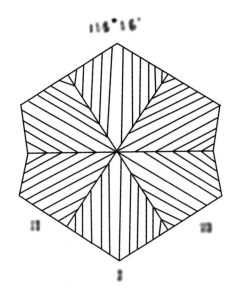

图 2.2.10　文石三连晶形状

$(NO_3)_2$ 溶液中煮沸，矿粉染成紫色（方解石不染色）。

晶体结构：文石为斜方晶系的晶体结构，如图 2.2.11 所示。其中的 $(CO_3)^{2-}$ 的三角形平面是平行的，Ca 的配位数为 9；Ca^{2+} 和 $(CO_3)^{2-}$ 是按六方最紧密堆积的方式排列的。

（2）方解石（Calcite）。

成分：$CaCO_3$。

化学组成：CaO 占 56.03%，CO_2 占 43.97%。常含 Mn、Fe 等类质同象混入物，相应有锰方解石、铁石解方等异种。

26

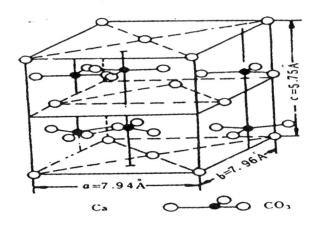

图 2.2.11　文石的晶体结构

形态：晶体形状多样，常见的有单形菱单体 {1011}、{1012}、复三角面体 {2131}、六方柱 {1010} 和平行双面 {0001}（图 2.2.12）。

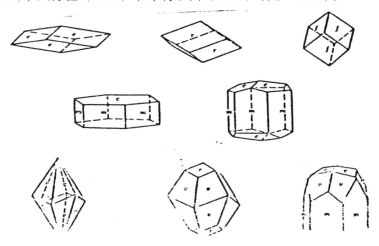

图 2.2.12　方解石晶体形状

物理性质：通常为白色，有时被 Fe，Cu 和 Mn 等元素染成浅黄、浅红、紫、褐等色。硬度为 3。相对密度为 2.6～2.9。

成因：方解石是地壳中分布最广的矿物之一，有沉积型、热液型等多种成因。

晶体结构：方解石为三方晶系的晶体结构，如图 2.2.13 所示。碳酸盐矿物晶体结构中的特点是：具有络阴离子（CO_3）$^{2-}$，（CO_3）$^{2-}$呈等边三角形，碳作为阳离子位于三角形的中央，三个氧离子围绕碳分布在三角形的三个角顶上，C-O之间以共价键联系，故这种络阴离子是很稳定的。（CO_3）$^{2-}$的半径为2.57A，比一般的阴离子大些，但比其他络阴离子又小些。因此，与之结合的金属阳离子大多是半径比较大，电价又不太高的阳离子。

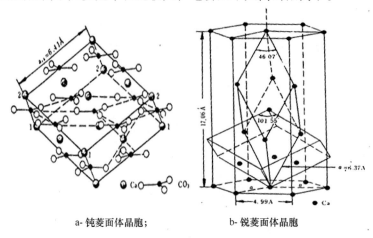

a- 钝菱面体晶胞；　　　　　　b- 锐菱面体晶胞

图2.2.13　方解石的晶体结构

3）矿物的转变以及Mg^{2+}在其中的作用

文石通过干的固态反应在大约400℃的温度下可以快速地转化为方解石，这种干的反应过程被命名为"同质多象转变"。在缺乏游离Mg^{2+}的水中，文石向方解石的湿转变要比干转变快。在碱渣的形成过程中，CO_2的不断变化所引起的$CaCO_3$的溶解——结晶给这种湿转变创造了一定的条件，但是，Mg^{2+}的存在却起了阻碍作用，而且其作用是关键性的。

Mg^{2+}对方解石生长的阻碍作用早在1910年就为Leitmieir获知了，此后更多的碳酸盐工作者（例如：Wray与Zeller，1956；Wray与Daniels，1957年；Simkiss，1964；Fyfe与Bischoff，1965）做了相应的实验，他们在含有Ca^{2+}和CO_3^{2-}的水溶液中加入选择离子，包括Li^+，K^+，Na^+，Mg^{2+}，Sr^{2+}，Pb^{2+}，Bd^{2+}，NH_4^+，Cl^-，NO_3^-和SO_4^{2-}，结果发现，最能阻止方解石生长的离子是Mg^{2+}。Kitano对含有或不含有为海水比例的各种盐类的Ca（HCO_3）$_2$溶液进行了蒸发实验，在$MgCl_2$存在时只形成文石，$MgCl_2$不存在时则只形成方解石。

28

Lippmann 认为 Mg^{2+} 对方解石的生成的阻碍作用是由 Ca^{2+} 和 Mg^{2+} 水和物的形成具有不同的标准自由能而引起的。Ca^{2+} 的水和作用的标准自由能是428千卡/克分子，Mg^{2+} 的是 501 千卡/克分子。当水和的 Ca^{2+} 和 Mg^{2+} 在晶体表面聚集时，Ca^{2+} 更快地由它的水偶极子中释放出来，并与 CO_3^{2-} 结合成不溶的晶格，即方解石。当溶液中的 Mg^{2+} 具有足够高的活度时，这时建造的晶格必然是镁方解石。还处于水和状态的 Mg^{2+} 被吸附在晶核的表面上。但是，由于使它们"脱水"必然做功，以至在此种情况下使得文石（它们含有少量的 Mg^{2+}）的 F_f° 比镁方解石的 F_f° 更大，所以文石晶体生长，而方解石晶核的生长受到水和 Mg^{2+} 的吸附而被阻碍。

碱渣的全化学分析和易溶盐的分析结果都显示，碱渣中 Mg^{2+} 的含量是相当高的，仅次于 Ca^{2+}。文石是碱渣固相的主要矿物成分，其颗粒比较细小，不利于碱渣的物理力学性质。为了提高碱渣的物理力学性质，曾经对碱渣进行过碳化，目的是想使更多的文石转化成方解石，但结果并不理想，显然 Mg^{2+} 的存在是试验失败的一个重要原因。

4）碱渣中的胶结作用

碱渣的胶结作用有粒内胶结和粒间胶结两种形式。粒内胶结主要表现为碳酸盐的溶解—结晶，同质多象之间的转变，或在微小规模内进行的溶解—再沉淀作用，胶结物主要为针状和隐晶形式的文石，如图 2.2.14 所示。粒间胶结物主要为针状或纤维状的文石以及隐晶和晶簇状的文石和镁方解石（见图 2.2.15、2.2.16），由于碱渣沉淀时间较短，与碳酸盐类岩石相比，粒间胶结发育并不完全，从图片上仅能看出一个趋势，颗粒之间的连接看起来并不紧密（见图 2.2.14），这是碱渣风干后，异常松碎的一个重要原因。但是碱渣发生粒间胶结作用的这种趋势是存在的。碱渣中的胶结作用对提高它的强度有重要作用。在使用碱渣时常和增钙灰等材料混合使用，增钙灰对碱渣的宏观性质和胶结作用的影响将在后面的章节中详细讨论。

5）小结

本章分析了碱渣的矿物成分及其微结构特征，并讨论碱渣微结构形成过程中的溶解—结晶平衡，矿物成分的转变以及碱渣中的胶结作用：指出碱渣的微结构特征决定了碱渣的宏观性质（如含水量、渗透性、压缩性等）；渣浆沉淀—清液排出这样一个碱渣生成模式影响着体系内的溶解—结晶平衡，对碱渣微结构的多孔特征有显著影响；Mg^{2+} 在文石的生成起了决定性的作用；碱渣内既有粒内的胶结作用又有粒间的胶结作用，粒内的胶结作用提高了碱渣颗粒的结构强度，而粒间的胶结作用发育不完善，造成碱渣风干后，松散易碎。

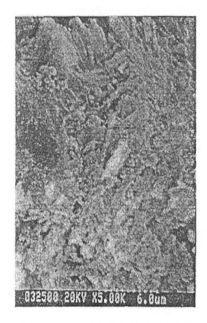

图 2.2.14　碱渣粒内的胶结作用

图 2.2.15　针状及隐晶的文石

图 2.2.16　碱渣粒间的胶结作用

3 碱渣土的工程性质与微观研究

3.1 碱渣土的工程性质

由碱渣的化学组成可知,碱渣的主要化学成分为难溶的盐类,包括碳酸钙、硫酸钙及铝、铁、硅的氧化物,它们都可以作为骨架的组成部分,而碳酸钙可在土颗粒间产生胶结作用,其他成分如氯化钙、氯化钠等易溶于水,在长期淋洗过程中逐渐减少,因此由化学分析结果来看,碱渣自身即可成为工程土。

同时,碱渣土还可通过用不同材料,按不同配比拌和碱渣制成。如碱厂在生产过程中除了排出大量工业废料碱渣外,还产生另一种下脚料增钙灰。将增钙灰与碱渣按一定比例用机械拌和均匀就形成了碱渣土。其他材料(如粉煤灰等)与碱渣拌和也可形成碱渣土。

在此,我们主要进行了由碱渣与增钙灰按一定比例拌和制成的碱渣土的有关工程性能指标(主要是物理,力学指标及地基承载力)的试验研究工作,试验的内容主要参照一般工程土应具备的内容进行。室内和现场试验结果证明,碱渣土代替一般素土作为填垫材料是可行的。

3.1.1 碱渣土的物理指标

1)含水量(W)

由于碱渣自身的亲水性较好,孔隙比很大,因此碱渣在与一定比例的增钙灰拌和后,虽然增钙灰可以从碱渣中吸出部分水分,但碱渣土整天体上仍然有较高的含水量。但经晾晒后水分容易蒸发散失,能够较快达到或接近最优含水量。

2)比重(G)

用比重瓶法测定碱渣土的比重为2.35。

3)易溶盐含量

测定的易溶盐的含量为10%左右。

4) 塑液限

塑限：$W_p = 62.1\%$

液限：$W_1 = 80.2\%$

塑性指数：$I_p = 18.1$

可见碱渣土具有较高的塑限和液限。其原因之一是碱渣土骨架以 $CaCO_3$ 为主，而 $CaCO_3$ 有较强的亲水性，因此碱渣土具有较强的结构性。另一个原因是碱渣土的比重较小。也正是因为碱渣土的亲水性强，结构性强，使其具有较大的触变性，这一点将在后面通过动力触探和载荷试验结果的比较得到证实。

5) 颗粒分析

颗粒分析表明，碱渣土中粒径为 0.074~0.01 mm 的颗粒含量占 80% 左右，即粉粒占大多数。

6) 击实试验

工程中一般以干容重（或干密度）作为控制人工填土施工质量的指标，这就需要用击实试验确定最大干容重及所对应的最优含水量。

根据土工试验规程，击实试验在标准击实仪中进行，试验结果如图 3.1.1 所示。从图中可以看出，碱渣含水量在一个较大的范围时（$W = 40\% \sim 70\%$），对应的干容重 γ_d 的范围很小（$8.7 \sim 9.0$ kN/m³）。这个结果表明，在相当大的一个含水量范围内，碱渣都可以被压密或击实至或接近最大干容重，从而减小了填垫的施工难度。与一般工程土相比，碱渣土的干容重较小，因此如果用来作为回填土，对原有的地基产生的附加应力较小，从而地基因回填而产生的附加变形也小得多；如果用于挡土墙后，则对墙产生的主动土压力也比较小。

对于一般以增加高程为目的，对承载力要求不高的大规模填垫现场，回填的碱渣土的含水量较高，干容重较小，图 3.1.1 中也给出了相应的试验点。

7) 渗透系数（K）

在水头作用下，水在土孔隙中流动的能力称为渗透性，土的渗透性对工程土的固结排水能力有重要的影响，并直接影响到施工速度和地基的承载能力。

对应击实试验的结果，在最优含水量将碱渣土击成干密度为 9.0 kN/m³ 的土样按常水头进行渗透试验，其渗透系数为 1.8×10^{-5} cm/sec，属于粉土范围（$10^{-3} \sim 10^{-6}$ cm/sec），这与颗粒分析的结果相一致。

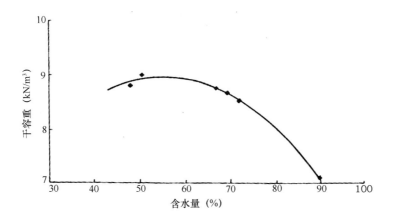

图 3.1.1　击实曲线：碱渣（90%）＋增钙灰（10%）

对实际回填的碱渣土也取样做了渗透试验，测得其渗透系数为 1.3×10^{-5} cm/sec。

8）湿陷性与湿胀性检验

有些工程土（如黄土）在遇水后忽然坍塌，结构强度完全丧失，称为湿陷土；而有的土（如某些膨胀土）在遇水后体积膨胀，具有湿胀性。湿陷性和湿胀性在工程上都会产生不利的后果。

为了检验碱渣土是否具有这些不利的工程性质，我们将按最大干容重击成的土样置于压缩仪中，施加不同荷载，待变形稳定后，将土样注水饱和，经 7 天的观察，未发现土样有进一步的回弹或压缩，表明碱渣并不具有湿陷性或湿胀性。

9）冻融试验

土体中的孔隙水冻结时产生很大的膨胀力，对建筑物的危害很大。将具有最大干容重的碱渣土样进行冻融试验，经三天冻融循环试验后（－15℃至－20℃气中冷冻 4 小时，在＋20℃水中融解 4 小时为一个循环），土样表面的颗粒可以轻轻用手剥落，感觉试样结构比较原来有所疏松。表明碱渣与一般工程土相仿，不具备像混凝土那样的水硬性与抗冻性能。

3.1.2　碱渣土的力学指标

1）直接剪切试验

（1）按击实验结果，取干容重为 9.0 kN/m³，含水量 $W = 53\%$ 的碱渣土击实试样，在直剪仪上做不排水试验，结果如图 3.1.2 所示。从图中可以看出，快剪指标都很大，（ $c = 56$ kPa， $\varphi = 42°$ ），黏结力值相当于黏土指标，内摩擦角值相当于粗砂指标，这是一般土所难以比拟的。

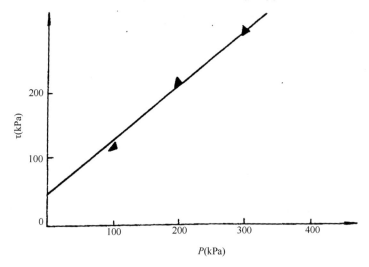

图 3.1.2　击实土样的直剪快剪强度

（2）制备含水量分别为 30%、40%、50%、60% 和 70% 的试验土样，进行浸水与未浸水快剪强度试验，结果见表 3.1.1。

表 3.1.1　碱渣土的抗剪强度

含水量		30%	40%	50%	60%	70%
未浸水	c（kPa）	35	50	56	40	45
	（°）	41	42	41.5	38	34
浸水	c（kPa）	20	31	30	22	20
	（°）	33	34	31	33	25

由表 3.1.1 可以看出，浸水后碱渣土的黏结力和内摩擦角都有较大程度的降低，其原因有两个：一是土中的部分结合水变成了自由水；二是因为碱渣中的某些易溶盐（ $CaCl_2$ 和 $NaCl$ 等）遇水溶解，对原来的土骨架造成破坏所致。但浸泡后的碱渣土强度仍不低于一般工程土的强度指标。

（3）实际回填碱渣土的平均含水量为 79.6%，平均容重为 14.8 kN/m³，直剪快剪强度指标为 $\varphi = 18.6°$， $c = 32$ kPa，浸水后强度为 $\varphi = 17.3°$， $c =$

34

20 kPa。

2）静三轴试验

将按最优含水量击实的土样在静三轴仪上做不排水剪试验（UU），每组做三个试样，围压分别为 100 kPa，200 kPa 和 300 kPa，然后施加轴向应力（$\sigma_1 - \sigma_3$）直至试样破坏。试验结果如图 3.1.3 所示，$c = 30$ kPa，$\varphi = 28.5°$，值达到细砂指标，其抗剪强度不低。

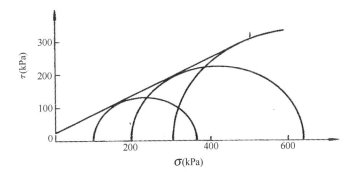

图 3.1.3　击实土样的三轴不排水强度

取实际回填的碱渣土进行三轴不排水试验，结果如图 3.1.4 所示。

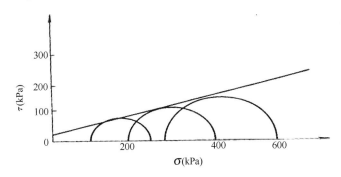

图 3.1.4　现场回填土的三轴不排水强度

3）压缩试验

根据压缩试验的结果，取干容重 $\gamma_d = 9.0$ kN/m^3，含水量为 $W = 53\%$ 的碱渣土击实土样，然后做压缩实验，结果如表 3.1.2 所示。表中同时给出了对现场回填土的试验结果。

表 3.1.2   碱渣土的压缩性

碱渣土的压缩性	击实土	现场回填土
压缩模量（MPa）	26.7	11.0
压缩系数（MPa^{-1}）	0.13	0.32

由表中可以看出，碱渣土的压缩系数介于 $0.1 \sim 0.5$ MPa^{-1} 之间，属于中等压缩性的土。

4）无侧限抗压强度

（1）按击实试验结果，取干容重 $\gamma_d = 9.0$ kN/m^3，含水量为 $W = 53\%$ 的碱渣土击实土样，在恒温湿箱（温度 29℃，湿度 80%）养护 7、28、90 天，其单轴抗压强度试验结果见表 3.1.3。

表 3.1.3   碱渣土龄期试验结果

养护时间	7 天	28 天	90 天
抗压强度 q_u（Mpa）	0.38	0.43	0.46

试验结果表明，碱渣土的单轴强度随时间增长而有所增长，表明其龄期效应不明显。尽管增钙灰具有水泥的某些特性，但因掺入量较小，碱渣土总体上还保持着碱渣的性质，活性很差。

（2）击实后立即进行的不同干容重试样的单轴压缩试验得出的应力应变关系曲线如图 3.1.5 所示，可以看出应力应变近似呈线性关系，在较小的应变下发生脆性破坏，试样出现纵向裂纹。

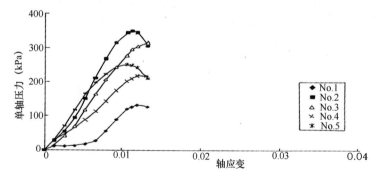

图 3.1.5   单轴压缩试验：老碱渣 + 增钙灰

（3）不同干容重与其所对应的单轴抗压强度 q_u 之间的关系近似为直线，如图 3.1.6 所示。

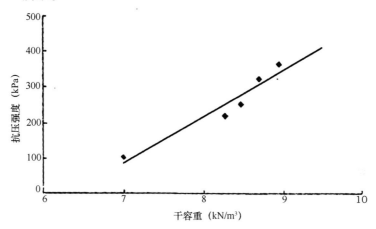

图 3.1.6　干容重与抗压强度关系曲线

5）振动三轴液化试验

将碱渣试样在动三轴仪上进行了振动液化试验，结果在图 3.1.7 中给出。图中曲线 1 和 2 分别对应于动应变 5%和 10%两种情况下振次 N。与动应力比 $\sigma_d/2\sigma_0$ 的关系。由试验结果可知，20 次振动循环（按 7 度地震设防）时，5%应变对应 $\sigma_d/2\sigma_0$ 值为 0.37，30 次振动循环（按 8 度地震设防）时，5%应变对应 $\sigma_d/2\sigma_0$ 值为 0.36。试验结果表明此状态下，碱渣具有较好的抗液化性能。

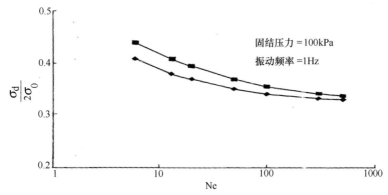

图 3.1.7　动三轴试验结果

根据这一试验结果，可对碱渣回填地基的液化的可能性进行评价。以下用常用的抗液化剪应力法进行分析。地震时，地基中振动剪应力平均值为

$$\tau_c = 0.65 dz \frac{Yz}{g} a_{max} \qquad (3-1)$$

式中：

dz——深度修正系数，$z = 1.5\ m$，$dz = 0.985$；

Yz——计算点上复总应力，kPa；

g——重力加速度；

a_{max}——地震时的最大加速度，8 度地震时 $a_{max} = 0.15\ g$；

地基中碱渣的抗液化剪应力由下式确定：

$$\tau_d = C_r \sigma' \left(\frac{\sigma_d}{2\sigma_0} \right) N_e \frac{D_r}{D'_r} \qquad (3-2)$$

式中：

C_r——修正系数，8 度地震时取 0.55；

σ'——计算点上复总应力，kPa；

$\left(\dfrac{\sigma_d}{2\sigma_0} \right) N_e$——振动三轴试验得到的 $0.36 N_e$ 次振动循环对应的抗液化剪应力比，此处 N_e 为 30 次对应的 $\sigma_d/2\sigma_0$ 值为 0.36。

D_r，D'_r——现场土的密度和试验时土的密度（无量纲数）。

当抗液剪应力 τ_d 高出地震剪应力 τ_c 时，地基不会发生液化，否则就会发生液化，使地基完全丧失承载能力，造成工程事故。

如果在低洼地填垫碱渣土厚 1.5 m，在其上覆土 1.0 m，在无任何其他堆载条件下，碱渣所受震动剪应力为：

$\tau_c = 0.985 \times 0.65 \times (18 + 15 \times 1.5) \times 0.15 = 3.9 kPa$

而抗液化剪应力为：

$\tau_d = 0.55 \times 0.36 \times (18 + 5 \times 1.5) = 5.1 kPa$

抗液化安全系数为：

$K = \tau_d / \tau_c = 1.3$

注意此处所谓"液化"的标准是振动变形 ε_d 达到 5%，而不是 $u = \sigma_3$。

3.1.3 不同拌和材料和配比的碱渣土的物理力学性质指标

碱渣与不同材料（如军粮城电厂粉煤灰，碱厂增钙灰以及水泥等）拌和，均可制成碱渣土。实际上，碱渣自身经晾晒和碾压后，也具有较好的工程土性质（如抗剪强度、压缩性、渗透性等）。表 3.1.4 给出不同拌和材料和配比

形成的碱渣土的主要物理力学性指标。

图 3.1.8 给出了各种碱渣土的击实试验结果。综合表 3.1.4 和图 3.1.8 可以看出，各种碱渣土的性质相近，表明尽管拌和了一定量的增钙灰或粉煤灰后，碱渣土的干容重和强度特性都有所改进，但还保持了碱渣的某些特性。对于拌和水泥的碱渣土与拌和增钙灰或粉煤灰的碱渣土相比，其物理力学指标改变不大。

表 3.1.4　不同拌和材料形成的碱渣土的主要物理力学性质指标

拌和材料 （以碱渣为主体）	最优含水量 （%）	最大干容重 （kN/m³）	强度峰值 （MPa）	变形模量 （MPa）	破坏应变 （%）
增钙灰（10%）	53	9.0	0.35	37.5	1.1
军粮城炉灰（20%）	52	8.8	0.35	34.2	1.2
碱渣（100%）	55	7.2	0.23	14.6	1.5
增钙灰（10%）＋碎石（10%）	52	9.6	0.30	30.0	1.05
炉灰（10%）＋水泥（5%）	53	9.0	0.38	37.2	1.3

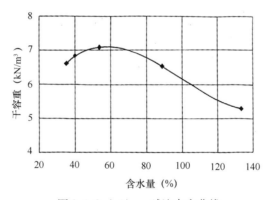

图 3.1.8（a1）　碱渣击实曲线

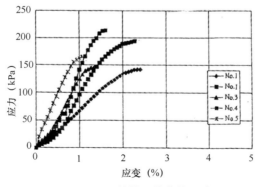

3.1.8（a2）　单轴压缩曲线：碱渣

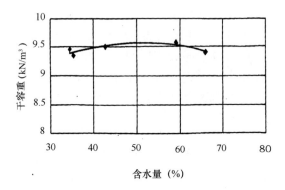

图 3.1.8　（b1）击实曲线：老碱渣（80%）
+增钙灰（10%）+碎石（10%）

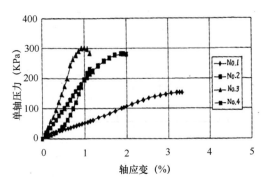

图 3.1.8（b2）　轴压缩曲线：老碱渣（80%）
+增钙灰（10%）+碎石（10%）

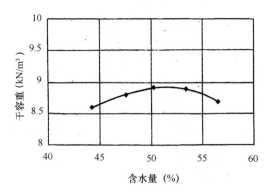

图 3.1.8（c1）　碱渣土击实曲线（碱渣+粉煤
灰+水泥）

40

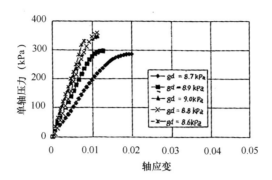

图 3.1.8（c2） 碱渣土的无侧限强度：碱渣（80%）＋粉煤灰（15%）＋水泥（5%）

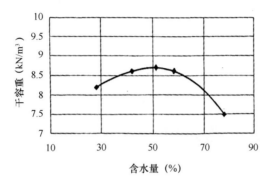

图 3.1.8（d1） 击实曲线：碱渣（80%）＋军粮城炉灰（20%）

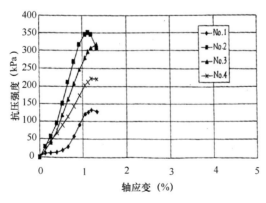

图 3.1.8（d2） 单轴压缩曲线：碱渣（80%）＋军粮城炉灰（20%）

3.1.4 现场地基承载力试验

为了检验室内试验成果，以及针对不同使用条件下、采用不同施工方法所取得的工程性能效果，进行了以下几种试验：

1）现场试验一：不同配比碱渣土的地基承载力试验

试验目的：检验不同材料拌和的碱渣土在现场大规模填垫的效果。

试验场地的位置在渤海石油公司宿舍楼群以东 800 m 处。利用一条深 1.2 m，长 20 m，宽 3.5 m 的水沟，将坑底的积水排干，作为试验坑。

将不同配比的碱渣土按碱渣土回填的技术规程中的填垫施工方法进行填垫（具体的回填操作技术要求见附录）。

每种配比的土的试验面积为 4.0 m×3.5 m，如图 3.1.9 所示。填垫后的 10 天左右开始荷载试验。荷载板尺寸为 300 mm×300 mm，试验直接在碱渣土表面进行。由于工程上对一般填垫土的承载力要求不高，故每次试验的荷级加到 220 kPa 为止。

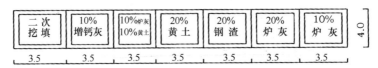

图 3.1.9　试验场地示意图

每块试验块各进行 2 台荷载试验，结果如图 3.1.10 至图 3.1.13 中给出。由图中可以看出，尽管各试验块的施工质量不同，但在 P–S 曲线上即使以沉降为 $0.01b = 3$ mm（b 为荷载板宽度）对应的荷载为地基承载力基本值，其值也都在 80 kPa 以上（见表 3.1.5），满足设计要求。如果按照《建筑地基基础设计规范》（GBJ 7—89），对于中等压缩性的土取限制沉降为 $0.02b = 6$ mm，则对应的地基承载力基本值均在 120 kPa 以上。

每次荷载试验之后进行 N_{10} 轻便动力触探器的触探试验，由 N_{10} 确定的承载力基本值也列入表 3.1.5 中。由图中可以看出，由动力触探的结果从《天津市建筑地基基础设计规范》查得的承载力基本值大都较载荷试验结果小许多。这表明碱渣土有较大的触变性，在触探器的动力冲击下强度有所降低，这与前面关于碱渣土的塑液限高，结构性强，灵敏度高的分析一致。因此碱渣土地基在使用中应避免动力荷载或其他荷载的直接扰动和冲击，其上部宜覆盖灵敏度低的土层。

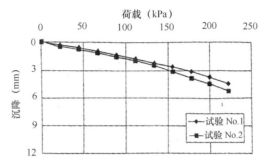

图 3.1.10 载荷试验结果：碱渣（90%）＋增钙灰（10%）

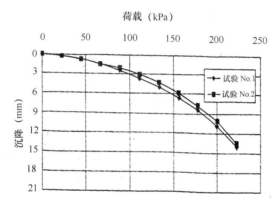

图 3.1.11 载荷试验结果：碱渣（80%）＋军粮城粉煤灰（20%）

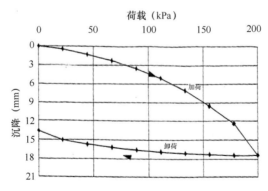

图 3.1.12 载荷试验结果：碱渣（90%）＋军粮城粉煤灰（10%）

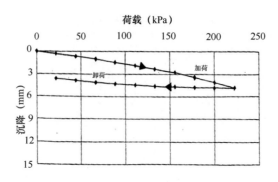

图 3.1.13　载荷试验结果：碱渣（80%）＋增
钙灰（10%）＋土（10%）

　　对各试验区取土做直剪快剪试验，用得到的强度指标，按汉森公式取安
全系数为2.5或3计算地基允许承载力，结果也列于表3.1.5中。土的物理力
学指标列于表3.1.6中

表 3.1.5　地基承载力基本值　　　　　　　　　　　　　单位：kPa

计算方法	由载荷试验确定（＊）	由 N_{10} 查规范	按汉森公式/2.5（＊＊）
碱渣：增钙灰 = 9:1	>200（150）	110	169.8（141.5）
碱渣：土：增钙灰 = 8:1:1	>200（160）	115	210.0（175.0）
碱渣：炉灰 = 9:1	120（80）	72	92.0（76.6）
碱渣：炉灰 = 8:2	150（100）	82	146.5（122.1）

＊表中该列括号内数值为 0.01b = 3mm 沉降对应的承载力；

＊＊表中该列括号内数值为汉森公式/3 的数值。

表 3.1.6　现场不同配比碱渣土的物理力学性质

物理力学指标	容重（kN/m³）	含水量（%）	内摩擦角（°）	黏结力（kPa）
碱渣：增钙灰 = 9:1	14.8	79.6	18.6	32
碱渣：土：增钙灰 = 8:1:1	15.5	68.5	19.2	37
碱渣：炉灰 = 9:1	13.7	121.2	14.5	21
碱渣：炉灰 = 8:2	14.1	88.3	16.0	30

注：表中炉灰指军粮城粉煤灰。

　　由载荷试验确定的变形模量如表 3.1.7 所示。

表 3.1.7　各种配比碱渣土的变形模量

碱渣土类型	10%增钙灰	10%军粮城粉煤灰	20%军粮城粉煤灰	10%增钙灰10%黄土	二次挖填	带水填垫	20%增钙灰（未浸水）	20%增钙灰（浸水）
E（MPa）	14.0	6.0	8.4	12.8	8.0	6.4	16.0	10.8

2）现场试验二：带水填垫施工地基承载力检验

为了适应不同要求，不同条件的大面积低洼场的填垫施工，安排了 20 cm 水深中的填垫，施工方法按附录的碱渣土回填的技术规程进行。填垫试验区面积为 5 m×5 m，试验结果如图 3.1.14 所示。由图中可见，带水填垫的效果较差，但承载力基本值仍然达到 80 kPa。

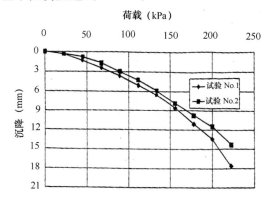

图 3.1.14　载荷试验结果：带水填垫

3）现场试验三：二次挖填试验

为了检验碱渣土的二次挖填后的承载性能，在试验一的场地邻近用上述技术规程的施工方法填筑 4.0 m×3.5 m 的碱渣土，经 7 天后挖出，重复原施工过程填垫，然后进行载荷试验。试验结果如图 3.1.15 所示。试验结果表明，二次挖填的碱渣土的承载力基本值在 80 kPa 以上，证明碱渣土具有一般素土可重复利用的性能。

4）现场试验四：浸水试验

室内试验表明：击实后的碱渣土在遇水后结构变得疏松，抗剪强度降低。由此推知，现场填垫的碱渣土在浸水后承载能力必然有所降低。为了检验这种效果，进行了浸水试验。

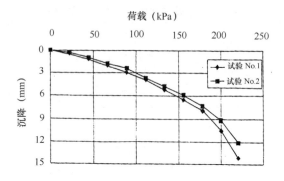

图 3.1.15 载荷试验结果：二次挖填

在 4.0 m×3.5 m 的试验区做载荷试验，然后在其四周围埝，向埝内连续注水 3 天，水面始终稳定在水深 10 cm 高度，使回填的碱渣土尽可能饱和，然后进行载荷试验。试验结果如图 3.1.16 所示。试验结果表明，回填碱渣土地基在浸水后，其承载能力有所降低。

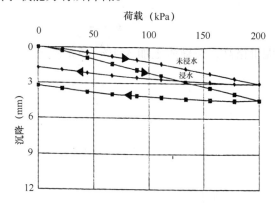

图 3.1.16 载荷试验结果：浸水试验

5）最佳含水量压实试验

为检验碱渣土是否适用于路基等变形和承载力要求较高的场所，在最优含水量下进行了压实填垫试验。试验场地为 4 m×4 m×1.5 m 的基坑，将碱渣和增钙灰按 8:2 的配比拌和均匀，含水量控制在 50.1% 时进行填垫和压实，施工方法见附录，使压实度达到 0.88。用荷载板对填垫效果进行了检测，结果如图 3.1.17 所示，可见其承载力达到了 180 kPa 以上，达到了道路路基和房心的变形和承载力要求。

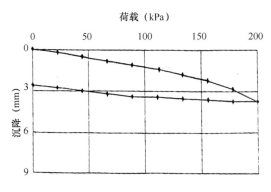

图 3.1.17 载荷试验结果：含水量 51%

3.1.5 结论意见

（1）碱渣自身或与增钙灰，粉煤灰，水泥等材料拌和后均可形成碱渣土，碱渣土的颗粒粒径类似于粉土。增钙灰和粉煤灰的掺入有助于碱渣中水分的蒸发散失，并可提高碱渣土的干容重和强度，还可以改善其表现。对于拌和水泥的碱渣土，其物理力学指标与拌和增钙灰或粉煤灰的碱渣土相比，变化不大。但由于水泥价格高，按碱渣土加入 4% ~ 5% 的水泥量计算，其碱渣土成本与拌和增钙灰粉煤灰的碱渣土相比，成本增加了 50%。因此不宜大规模应于填地工程。

（2）碱渣土的比重为 2.32，易溶盐含量为 10% 左右。室内试验结果表明，碱渣土不会对混凝土和钢筋造成腐蚀；通过天然雨水的淋洗作用，可逐渐减少其对绿化的影响。

（3）碱渣土在 7 度地震烈度作用下不会发生液化现象。

（4）经压实后的碱渣土其物理力学性能指标高于一般素土。在最佳压实状态下：①最佳含水量区间为 45% ~ 55% 之间，对应的干容重在 8.7 ~ 9.0 kN/m³ 之间。②渗透性类似于粉土，属中等渗透性，渗透系数 $k = n \times 10^{-5}$ cm/sec。③抗剪强度较一般素土高，三轴不排水剪指标为黏结力 $c = 36$ kPa，内摩擦角 $\varphi = 28.5°$。

（5）碱渣土和二次回填的碱渣土在大规模现场填垫施工条件下，均可满足 80 kPa 的承载力要求。在含水量控制得较好，接近最优含水量的情况下，回填土的地基承载力可达到 150 kPa 以上。

（6）碱渣土在浸水后强度指标 φ，c 值减少，从而使地基的承载能力有所降低。

（7）欲获得较高的承载力，可采用无水填垫，严格控制含水量，减少虚铺厚度，增加压实能量等工程措施来实现。

（8）现场试验表明，只要严格照碱渣土回填操作的技术要求施工，碱渣土可以代替黄土进行低洼场地的回填。从室内击实试验和现场试验的结果来看，碱渣土在最优含水量下压实后承载力可达到 180 kPa 以上，因此可用作室内房心，车间地坪地基，道路路基回填用土。压实后的碱渣土有较好的工程性能。

（9）鉴于碱渣土具有触变性大，容易风干粉化等不利的工程性质，建议在工程应用中采用双层地基，即在回填的碱渣土表层覆盖一定厚度的黄土，使碱渣土保持一定的含水量，并减缓地表的冲击和振动荷载的影响。

3.2 碱渣土与一般黏性土的工程特性的比较

3.2.1 概述

碱渣制工程土与一般工程上常用的黏性土类似，土颗粒的尺度都比较微小，土颗粒与土中水的相互作用较强烈，因此都具有结构强度，宏观上表现为较大的黏结力。但由于矿物成分不同，土中水的离子和离子浓度不同，使得两者的微观结构有所不同，因此工程性质也有所不同。

随着塘沽区的快速发展，用于低洼地区填垫的土源日趋紧张。目前常采用吹泥造陆的方法，即将疏浚河道和航道的软泥吹填到低洼地带，经晾晒和真空预压等方法适当处理，使其达到一定的承载力。天津港湾研究所和天津水利研究所等单位都曾尝试吹填碱渣进行低洼地的填垫，并取得较好的效果。以下首先将塘沽软土与吹填的碱渣的工程特性进行比较。

当对地基承载力的要求较高时，有真空预压加固地基不能取得预期的效果，此时要采用在最优含水量下进行机械碾压的方法。工程土的碾压特性可用击实试验来确定。本章将对碱渣土与和级配良好的粉质黏土的击实特性机械比较。

3.2.2 塘沽软土的矿物成分和微观结构

众所周知，矿物的成分是决定土的物理性质和工程性质的重要因素。前面已对碱渣的矿物成分和微观结构进行了分析，为了达到比较的目的，下面来研究塘沽软土的矿物成分与微观结构。

3.2.2.1　X–射线衍射试验

1）试验方法

将原样磨细后，放在 X–射线衍射仪上进行分析。试验条件为：35kV，15mA，CuKd 辐射，扫描速度为 1°/min2(θ)。

为了区分蒙脱石与绿泥石，高岭石与绿泥石，对进行过 5 500℃灼烧处理和热 HCl 处理的试样的 X–射线衍射图谱进行比较。图 3.1.8 为新港软土的 X–射线衍射图谱。

2）鉴定结果

（1）5–9 号黏土样。

黏土矿物：水云母（伊利石），蒙脱石，高岭石，绿泥石。

非黏土矿物：方解石，石英，长石。

（2）6–2 号黏土样。

黏土矿物：水云母（伊利石），高岭石，及埃洛石（二水），绿泥石。

非黏土矿物：石英，方解石，少量长石。

（3）5–3 号亚黏土样。

黏土矿物：水云母，蒙脱石，高岭石，及埃洛石（二水），绿泥石。

非黏土矿物：大量石英，方解石，长石。

从上述三个土样的鉴定结果来看，新港浅层软土属于水云母型。这种土失水收缩，遇水有一定的膨胀性。从宏观的现象也可以得到佐证。

3.2.2.2　新港软土的微观结构

目前对于微观结果的研究可以分为以下几个方面：首先采用试验方法确定土的天然几个状态，土的颗粒尺寸和颗粒排列，并由此了解土在应力作用下的微观结构变化；另一方面是关于土的微观结构性能同土的宏观性质的相互关系的理论分析研究。

黏土的结构是由很小的黏土矿物颗粒在其接触点处以某种形式互相连接组成的架空结构。在粒间孔隙中充满了孔隙水，其物理—化学性质取决于黏土中颗粒的带电性质、连接特征及水分子的离子性质和浓度。

通过电子显微镜观察新港软土，可以看出：

（1）大部分颗粒的形状不规则，但轮廓清晰，厚薄较均匀，成片状。这种片状颗粒符合水云母（伊利石）的特征。

（2）颗粒之间形成架空结构，因此，孔隙较大，这和宏观的孔隙比大于 1 是相一致的。

（3）颗粒的尺寸小于 5 μm 的占大多数，这和颗粒分析的结果基本上吻合。

3.2.3 新港软土与吹填的碱渣土的物理力学性质的比较

为了加深对碱渣的工程性质的了解，对碱渣和新港黏土的原位真空预压加固前后的为了力学指标作了比较（表 3.2.1）。

表 3.2.1 碱渣与新港黏土的物理力学指标的比较

土名	状态	含水量 ψ（%）	重度 γ（kN/m³）	比重 Gs	孔隙比 e	塑性指数 Ip	压缩系数 α_{1-2}（Mpa）$^{-1}$	固结系数 Cv ×10^{-3}cm²/s	Cuu kPa
碱渣	加固前	213.2	12.0	2.32	6.606	47.7	9.872	11.4	30
碱渣	加固后	168.4	12.5	2.34	5.252	60.0	8.052	13.9	49
黏土	加固前	38.8	18.1	2.74	1.095	23.2	0.843	0.86	22
黏土	加固后	37.9	18.3	2.73	1.064	21.4	0.649	0.99	36.8
淤泥质黏土	加固前	52.5	17.3	2.74	1.425	25.4	0.953	0.76	13.7
淤泥质黏土	加固后	47.7	17.4	2.74	1.228	25.2	0.781	0.85	30.5

由表 3.2.1 可见，碱渣与黏性土的物理指标完全不同，其原因主要是两者的矿物成分不同，孔隙水的电解质浓度不同。与黏性土相比，碱渣骨架在形成的过程中，颗粒与电解质作用强烈，形成的骨架的间隙较大，含水量较大，渗透性较大，压缩性较大，重度较大。

由表 3.2.1 还可以看出，尽管两者的物理性质有较大的区别，但两者的强度特性确很相似，而且由于碱渣的颗粒与孔隙水作用强烈和易于排水，碱渣加固前后的不排水强度甚至高于黏性土。因此，如果作为一般的低洼地填垫或作为码头的后方堆场，其承载力能达到工程要求。

3.2.4 碱渣土与黏性土的工程性质的比较

对公路路基或其他要求较高的填垫工程，为了提高填土的密实度和均匀性，对黏性土（通常为粉质黏土）在压实时要严格控制其含水量，使填具有足够的抗剪强度和较小的压缩性，不产生普遍的不具有变形，以防止路堤产生裂缝，使设计断面最经济、总造价最低。用于填垫土的最优含水量通常是通过室内击实试验来确定的：

1）黏性土的击实机制

黏性土的含水量对压实土料所耗费的功以及可压实程度影响很大。如果含水量太大，由于渗透性小，孔隙中的水不容易排出，故不易压实；而且土块容易黏着与碾压机械上，不利于施工；另外还会形成"橡皮土"，发生弹性变形，不易压实，压实后的干密度小，强度低。

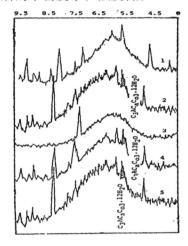

图 3.2.1　新港软土的 X – 射线衍射图谱

如果含水量，由于颗粒表面没有水膜形成，土粒间不够光滑，土粒的相对移动能力较差，处于固体状态的强结合水使黏土的大孔隙的絮状结构难以破坏，因此也不易压实，抗压强度虽比含水量大的压实土料为高，但一经浸水就显著降低，抗剪强度也因浸水而大为降低。

所以在击实（或现场碾压时），必须确定一个适宜的含水量，使土料在一定的压实功下具有较稳定和较好的力学性质。一般将某一压实功（能）下得到的最大干重度的相应含水量称为最优含水量。最优含水量通常在塑限附近。

典型的黏性土的压实曲线如图 3.2.2 所示。由图中可以看到，相对一定的击实能，总可以得到一条击实曲线，击实曲线的峰值即为该击实能下所能达到的最大干重度，所对应的含水量即为最优含水量。随着击实能的增加，所能达到的干重度越来越大，对应的最优含水量也越来越小。

2）碱渣的击实曲线

图 3.2.3 为纯碱渣的击实曲线，图 3.2.4 为碱渣与增钙灰拌和后形成的碱渣土的击实曲线。由图中可以看到，碱渣土的击实曲线与黏性土的击实曲线相似，都具有峰值，即对于一定的击实能，只有在最优含水里下才能达到最大的干重度。碱渣土所能达到的干重度较小，仅为 9 kN/m³ 左右，其对应的最优含水量为 50% 左右，远大于黏性土。

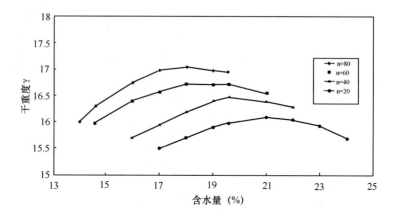

图 3.2.2　黏性土的击实曲线

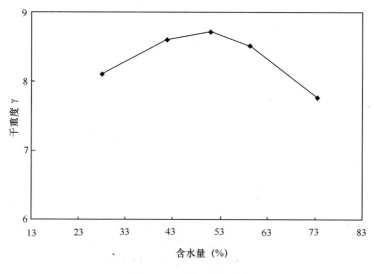

图 3.2.3　碱渣击实曲线

3）击实后碱渣土与黏性土的强度的比较

尽管碱渣土与黏性土在击实后的最大干重度相差较多，但两者的强度和变形性质确实相差不大。表 3.2.2 给出了典型的粉质黏土与碱渣土的工程特性指标的比较。

由图中可以看出，粉质黏土在击实后，其孔隙比较低，为 0.5～0.6 左右，最优含水量约为 18%，最大干重度为 18 kN/m³，相应的强度为 =240，

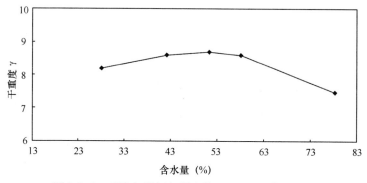

图 3.2.4　碱渣与增钙灰混合物（8∶2）的击实曲线

$c = 21$ kPa，变形模量 $E_0 = 21$ kPa。碱渣土（碱渣与增钙灰的拌和比例为
9∶1）在同样的击实能下孔隙比减小到 2.1（为粉质黏土的 4 倍），干重度
为 9 kN/m³（为粉质黏土的 0.5）倍。但碱渣土击实后的强度指标远大于粉
质黏土，即使浸水后，其强度也较粉质黏土大许多。而对于变形模量，两
者相差不大。

在一般的工程土中，仅对变形和强度有明确的要求，而碱渣土在处理后
可以达到这种要求，因此可以在某些工程中（如大面积填垫工程）代替一般
的工程用土。

表 3.2.2　碱渣土与粉质黏土击实特性的比较

土类	物理指标			力学指标		
	含水量 w （%）	孔隙比 e	干重度 γ （kN/m³）	内摩擦角 （°）	黏结力 c （kPa）	变形模量 E_0 （MPa）
粉质黏土	18	0.55	18	24	21	21
碱渣水（碱渣∶增钙灰 = 9∶1）	52	2.1	9	32 （浸水前）	30 （浸水后）	14.6 ~ 37.5

3.3　碱渣土的强度形成机理

3.3.1　碱渣废液的胶体化学性质

3.3.1.1　分散系与溶液

在胶体化学中，将一种或几种物质分散在另一种物质中的物体称为分散

体系，并将被分散的物质叫做分散相，而另一种物质叫做分散介质。按分散程度的不同，可将分散体系分为三类，如表 3.3.1 所示。

表 3.3.1　分散特性的分类：按颗粒大小分类

类　型	颗粒粒径大小	主要特征
粗分散体系 （悬浮液，乳状液）	$>0.1\ \mu m$	颗粒不能通过滤纸，不扩散，不渗析，一般显微镜下能看见
胶体分散体系 （溶胶）	$0.1\ \mu m \sim 1.0\ \mu m$	颗粒能通过滤纸，扩散极慢，不渗析，显微镜下不可见，超显微镜下可见
分子与离子分散体系 （溶液）	$<1.0\ \mu m$	颗粒能通过滤纸，能渗析，普通及超显微镜下都不可见

分散体系也可按分散相和分散介质的聚结状态来分类，如表 3.3.2 所示。

表 3.3.2　体系的分类：按聚结状态分类

类型编号	分散相	分散介质	体系及实例
1	气	气	混合气体，如空气
2	液	气	雾
3	固	气	烟尘
4	气	液	泡沫
5	液	液	乳状液，如牛奶
6	固	液	溶胶，如 As_2S_3；悬浮液，如油漆
7	气	固	如馒头，泡沫塑料
8	液	固	凝胶，如宝石，珍珠
9	固	固	合金，有色玻璃

按上述分类情况，结合介质物化参数，碱渣似应属粗分散体系或第六种类型。不过碱渣这种体系的分散相是多种的，而且颗粒大小相差较大，分散介质也不是单一物质，而是含有大量可溶盐（$CaCl_2$ 和 NaCl 合计在 150 g/L 以上）组成的溶液，同时从碱渣稳定情况来看，也说明碱渣还不是仅属于粗分散体系道德悬浮液，而是具有胶体的某些性质。为了进一步证实这一点，以便能够针对碱渣的真实性，采取相应的措施来改善其性能，本文结合胶体化学中关于溶胶的特性理论，进行了以下的探讨性试验。

3.3.1.2 碱渣溶胶特性的探讨性试验

溶胶是动力学上不稳定的体系，胶粒有凝聚成大颗粒的趋势，但溶胶也能稳定存在一段相当长的时间。胶体化学理论通常是根据分散度、聚结不稳定和多向性来判断分散体系是否溶胶。鉴于试验条件有限，分散度的进一步工作无法进行，仅进行了电泳试验和聚沉试验。

1）电泳试验

利用电位测定仪，通过电视屏碱渣废液在电场作用下颗粒的移动方向。观测结果表明，废液悬浮液在电场作用下，颗粒向正极方向移动，说明碱渣废液颗粒带负电荷。但由于碱渣废液是强电解质，其导电率极大，因此难以计算其电位的大小，只能说明其很低。目前还难以实现按 ζ – 电位的变化来控制聚沉的程度。

2）聚沉试验

（1）升温聚沉试验。

取 450 mL 废液澄清 1 小时，将所得的底流盛于 400 mL 的烧杯中，悬浮液高度为 85 mL，分别在 15℃室温下沉降 4 小时，结果悬浮液高度由 85 mL 降到 80 mL。另外将其在 60 ~ 70℃下沉降 4 小时，结果悬浮液液面由 85 mL 降至 63 mL，说明升温使悬浮液中分散相质点运动加快，因此有利于分散相质点互相碰撞而发生聚沉。这表明废液具有溶胶的性质。

（2）电解质聚沉试验。

分散体系的溶胶性质也可通过加入与胶粒电性相反的电解质，视其聚沉情况来判断。为了判断碱渣是否具有溶胶性质，分别采用了盐酸。硫酸和碳酸进行废液聚沉试验。本着经济易行的原则，碳酸采用窑气碳化法和窑气洗涤水中和法制备。试验情况和结果如下：

• 用石灰窑窑气碳化废液底流，把 pH 值控制在一定的范围内，然后在 50℃下进行恒温聚沉试验。结果表明，经碳化的底流在 50℃下沉降 2 ~ 3 小时后，悬浮液体积由 100% 变为 60% ~ 70%，悬浮液比重由 1.18 增至 1.25 ~ 1.26。

• 用窑气洗涤水中和底流，pH 值控制同上，然后在 50℃下进行恒温聚沉试验，效果于上类同。

• 分别以盐酸和硫酸为电解质的试验：

取 40 mL 底流，分别加入盐酸和硫酸，并把 pH 值控制在一定的范围内，体积在 100 mL 内。同样取 40 mL 底流，加入井水，体积也在 100 mL 内。将三种溶液搅匀，在室温下澄清，4 天后，测定各悬浮液的体积。结果如下：

用盐酸处理的底流：悬浮液体积由 40 mL 降至 22 mL；

用硫酸处理的底流：悬浮液体积由 40 mL 降至 38 mL；

用井水稀释处理的底流：悬浮液体积由 40 mL 升至 52 mL。

由此可见，盐酸和硫酸对碱渣有聚沉作用，而且并非稀释所至，稀释对聚沉不利。盐酸的聚沉效果较好，硫酸效果不明显，可能是生成 $CaSO_4$ 沉淀，使总的固形物增加，致使悬浮体的体积增大。

3）流变特性试验

（1）常温下的流变特性。

采用垂直毛细管黏度计对不同浓度（重度）的废液的流变特性进行了测定其主要结果如表 3.3.3 所示。

表 3.3.3　不同重度的废液的流变特性特征值

重度（kN/M³）	温度（℃）	初始剪切应力（Pa）	视在黏度（$\times 10^{-3}$Pas）
11.30	23	0.00	1.80
11.45	23	0.60	2.80
11.53	23	0.90	3.50
11.60	23	2.80	9.10
11.73	23	7.20	18.40
12.00	23	9.00	30.00
12.05	23	10.20	35.00

（2）温度对流变特性的影响。

采用 NXS-11 型黏度计测定了温度对废液黏度的影响，结果如 3.3.4 所示。

表 3.3.4　温度对黏度的影响

重度＝11.55 kN/m³			重度＝11.55 kN/m³		
温度（℃）	初始剪切应力（Pa）	视在黏度（$\times 10^{-3}$Pas）	温度（℃）	初始剪切应力（Pa）	视在黏度（$\times 10^{-3}$Pas）
22.5	1.0	5.00	25.0	6.4	20.00
32.0	1.0	4.80	32.0	2.4	10.80
42.0	1.0	4.40	42.0	2.4	9.50
51.0	1.0	3.70	52.0	2.3	8.80

重度 = 11.55 kN/m³			重度 = 11.55 kN/m³		
温度 （℃）	初始剪切应力 （Pa）	视在黏度 （×10⁻³Pas）	温度 （℃）	初始剪切应力 （Pa）	视在黏度 （×10⁻³Pas）
61.0	1.0	3.45	61.0	2.2	8.20
71.0	1.0	3.00	71.0	1.8	7.40

4）触变性试验

采用 NXS-11 型黏度计对量种不同重试的碱渣废液进行了试验，结果如表 3.3.5 所示，试验结果表明碱渣废液有明显的触变性。

表 3.3.5 碱渣废液的触变性试验结果

历时 （分）	试验条件			
	$\gamma_m = 11.5$（kN/M³），t = 24℃， D = 996.1sec⁻¹		$\gamma_m = 11.5$（kN/M³），t = 25℃， D = 996.1sec⁻¹	
	读数 α_0	剪应力（Pa）	读数 α_0	剪应力（Pa）
1	25.0	6.92	64.0	17.70
2	23.0	6.36	60.5	16.74
3	22.2	6.14	57.5	15.91
5	21.8	6.03	54.5	15.08
10	20.0	5.53	51.0	14.11
15	19.4	5.37	48.5	13.41
20	19.2	5.31	47.0	13.06
30	18.0	4.98	45.0	12.45

3.3.2 孔隙水与矿物颗粒的相互作用

1）双电层理论

一般的工程用土包括各种成因形成的矿物颗粒（构成土骨架）以及颗粒间孔隙中的介质（气/水）。下面先讨论一般的土（包括碱渣制成的土）中的矿物颗粒与水的相互作用。一般情况下，土中总是含有较多的水分。孔隙中的水可以处于液态、固态或气态三种状态。颗粒越细，其分散度越大，水对土的性质的影响也越大。研究土中的水，必须考虑到水的存在状态及其与颗粒的相互作用。存在于矿物的晶体格架内部或是参与矿物构造的水称为矿物内部结合水，它只有在比较高的温度下才能化为气态水而与矿物颗粒分离。从工程性质上看，可以把矿物内部结合水当矿物颗粒的一部分。

存在于土中的液态水可分为结合水和自由水两大类：

（1）结合水。

结合水是指受电分子吸引而吸附于矿物颗粒表面的水。这种电分子吸引力高达几千到几万个大气压，使水分子和土粒表面牢固地黏结在一起。

绝大多数物质与极性介质（如水）相接触时，在二相的界面上都获得电荷，因而造成界面电位差，土颗粒表面一般带有负电荷，围绕颗粒形成电场，在颗粒电场范围内的水分子和水溶液中的阳离子（如 Na^+、Ca^{2+}、Al^{3+} 等）一起吸附在矿物颗粒的表面。因为水分子是极性分子（氢原子端显正电荷，氧原子端显负电荷），它被颗粒表面电荷或水溶液中离子电荷的吸引而定向排列，如图 3.3.1 所示。

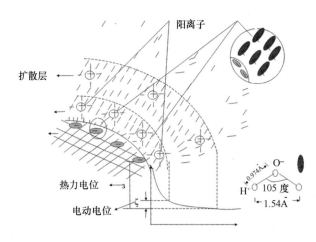

图 3.3.1　双电层理论说明图

颗粒周围水溶液中的阳离子，一方面受到颗粒所形成电场的静电引力作用，另一方面又受到布朗运动（热运动）的扩散力作用。在最靠近颗粒表面处，静电引力最强，把水化离子和极性水分子牢固地吸附在颗粒表面上形成固定层。在固定层外围，静电引力比较小，因此水化离子和极性水分子的活动性在固定层中大些，形成扩散层。固定层和扩散层中所含的阳离子（反离子）与颗粒表面负电荷一起即构成双电层（图 3.3.1）。

在图 3.3.1 中，颗粒与水溶液分界面上产生的最大电位称为热力电位

（ξ–电位）。它决定于颗粒和水溶液的成分以及相互作用时的环境。在固定层与扩散层的分界面上的电位称为电动电位（ζ–电位），ζ–电位比ξ–电位小得多，当ξ–电位为一定数值时，ζ–电位越大，说明扩散层水膜的厚度越大。扩散层水膜的厚度对碱渣的特性影响很大。

水溶液中的反粒子（阳离子）的原子价越高，它与颗粒之间的静电引力越强，则扩散层厚度越薄，而ζ–电位越低。在工程实践中，可以利用这种原理来改良土质，例如用三价及二价离子（如Fe^{3+}、Al^{3+}、Ca^{2+}、Mg^{2+}）处理黏土，使得它的扩散层变薄，从而增加土的稳定性，减少膨胀性，提高土的强度。有时，可用含一价离子的盐溶液处理黏土，使扩散层增厚，而大大降低土的渗透性。由前面的分析可知，碱渣中的水含有大量的Ca^{2+}离子，是强电解质，其ζ–电位很低，所以具有较高的强度和稳定性。这一点将在后面详细叙述。

2）土中水的结合形态

从上述双电层的概念可知，反离子层中的结合水分子和交换离子，越靠近颗粒表面，则排列得越紧密和整齐，活动也越小。因而，结合水可分为强结合水和弱结合水两种。强结合水是相当于反离子层的内层（固定层）中的水，而弱结合水则相当于扩散层中的水。

（1）强结合水。

强结合水指的是指紧靠颗粒表面的结合水。它的特征是：没有溶解能力，不能传递静水压力，只有吸热变成蒸气时才能移动。这种水极其牢固地结合在颗粒表面上，其性质接近于固体，密度约为 1.2 ~ 2.4 g/cm^3，冰点为 $-78℃$，具有极大的黏滞度、弹性和抗剪强度。如果将干燥的土移动在天然湿度的空气中，土的重量将增加，直到土中吸着的强结合水达到最大吸着度为止。颗粒越细，则其比表面积越大，最大吸着度也就越大。砂土的最大吸着度越占土粒重量的1%，而黏土则可达17%。黏土中只含有强结合水时，呈固体状态，磨碎后则呈粉末状态。

（2）弱结合水。

弱结合水是指紧靠于强结合水外围而形成一层结合水膜。它仍然不能传递静水压力，但水膜较厚的弱结合水能向邻近的较薄的水膜缓慢转移。当土中含有较多的弱结合水时，土则具有一定的可塑性。砖土的比表面积较小，几乎不具有可塑性，而细粒土（包括黏土和碱渣等）的比表面积较大，其可塑性的范围就较大。弱结合水离颗粒表面越远，其受到的电分子吸引力就越弱小，并逐渐过渡到自由水。

（3）自由水。

自由水是指存在于颗粒表面电场影响范围以外的水。它的性质和普通水一样，能传递静水压力，冰点为0℃，有溶解能力。自由水按其移动所受作用力的不同，可以分为重力水和毛细水。

3.3.3 碱渣制工程土的强度形成机理

以上是水与矿物颗粒的一般的相互作用理论。下面结合碱渣的特征性质探讨碱渣作为工程土应用时所具有的强度的形成机理。

1）碱渣颗粒与水形成的双电层的 ζ – 电位

根据双电层理论，孔隙水中的阳离子的原子价越高，电解质浓度越大，则它与矿物颗粒之间的静电引力越强，扩散层厚度越薄。这是因为扩散层与溶液中的离子浓度差别减小的关系，将有更多的阳离子进入固定层，而扩散层的离子数目降低，导致了电动电位的下降。碱渣是由碱渣废液凝聚而成，而颗粒间的水溶液中可溶盐 $CaCl_2$ 含量在 150 g/L 以上，从而可知碱渣孔隙水的 Ca^{2+} 离子浓度相对大，造成围绕碱渣颗粒的双电层的 ζ – 电位极低（参见前面的胶体化学试验结果）。

2）碱渣颗粒间的相互作用力

矿物颗粒之间的吸引力是因为一颗粒的所有原子与另一颗粒的所有原子之间一般的 Van der Waals 引力。颗粒之间的总吸引力，即所有原子对之间的相互作用力的总和。这种力的大小取决于颗粒的大小和形状。引力的大小一般不受电解质浓度的支配，但当电解质浓度增大时；颗粒之间的电荷引起的电斥力减小，不再抵消 Van der Waals 引力，使颗粒之间的结合的能力增加。

3）碱渣微观结构与宏观强度的关系

根据上面的分析可知，由于碱渣颗粒之间的吸引力，使得当碱渣受力时，矿物颗粒在产生相对位移时除了受到颗粒间的摩擦力作用外，还受到颗粒之间吸引力的阻抗，在宏观上分别表现为摩阻力和黏结力。

4）碱渣的结构性

如前所述，碱渣浆液中的固体颗粒是很小的（粒径 < 0.005 mm），可悬浮在溶液中，在碱渣浆液中的强电解质作用下，颗粒凝聚成絮状的集粒（集合体）而下沉，并相继与也沉积的絮状集粒接触，从而形成孔隙很大的絮状结构，如图 3.3.2 所示。由于固体颗粒表面带负电荷，而在断裂缺口处有局

部的正电荷，因此在颗粒聚合时，多半以面—边或面—面（错开）的方式接触，如图 3.3.3 所示。由于碱渣浆液中的盐类的离子浓度很大，减少了颗粒间的排斥力，因此碱渣结构是面—边接触的絮状结构。

图 3.3.2　碱渣的絮状结构

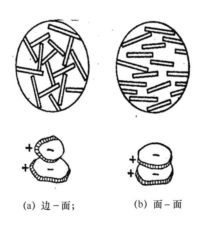

(a) 边 - 面；　　　　(b) 面 - 面

图 3.3.3　碱渣颗粒的接触方式

5）由碱渣的微观结构看碱渣制工程土的一些性质

（1）碱渣土孔隙大的原因。

由于强电解质的作用，碱渣颗粒与水的相互作用非常强烈，碱渣在絮凝过程中颗粒接触后即形成稳定的结构，在重力作用下不会产生塌陷，因此能保持较大的孔隙，从而也就有较大的含水量。

（2）较强的骨架。

由于碱渣颗粒之间的连接比较紧密，所以能够形成较强的骨架，在外荷作用下的变形较小。因此，像真空预压一类的软基加固方法由于固结压力较低（<100 kPa），使碱渣土地基产生的变形较小，加固后的碱渣地基仍有较大的含水量。因此在工程实践中适宜采用晾晒的方法来减少碱渣的含水量，在最优含水量下进行压实，才能满足承载力和变形的要求。

（3）与一般黏性土相比，由于碱渣土中的 ζ - 电位很低，扩散层很薄，处于约束状态的弱结合水较少，因此可以自由移动的自由水多，孔隙水能够在重力位势或压力水头作用下自由移动，因此宏观上碱渣的渗透性较大。也正因为碱渣的渗透性较黏性土大，较易排水，因此在快剪条件下其强度指标高于黏土。

（4）由上面的分析可知，碱渣的强度和抵抗变形能力主要得益于颗粒与水的相互作用。如果碱渣完全风干，则形成十分松散的粉状物，强度极低。因此碱渣土在应用时必须保持一定的含水量，才能发挥其强度性质。

3.4 碱渣与增钙灰拌和形成的碱渣土的微观结构及工程性质

3.4.1 引言

理论和实践都证明，对自然沉积的碱渣采取某些对软土地基常用的处理方法（如真空预压法和堆载法）进行原位加固处理时，由于碱渣颗粒骨架抗变形能力较强，颗粒对孔隙水的吸附较强，加固效果不甚理想。例如，在模型槽中对含水量为 180% 左右、孔隙比为 4.93 左右的碱渣进行真空预压，由于碱渣渗透性较大，经若干小时后加固即可完成。但加固后碱渣的含水量仍在 100% 以上，孔隙比尚在 3.0 左右，进一步处理也很困难。

实践证明，将碱渣与其他材料（如增钙灰、粉煤灰、水泥甚至黄土等）拌和后，晾晒至 +（或接近）最优含水量，其表观和物理力学性质都有很大的改善，其效果远优于原位加固的效果。表 3.4.1 为 90% 碱渣与 10% 的增钙灰混合以后的物理力学指标。

表 3.4.1　90％碱渣与 10％的增钙灰混合后的主要物理力学指标

拌和材料	最优含水量 （％）	最大干容重 （kN/m³）	强度峰值 （Mpa）	变形模量 （Mpa）	破坏应变 （％）
碱渣（100％）	55	7.2	0.23	14.6	1.5
碱渣（90）+增钙灰（10％）	53	9.0	0.35	37.5	1.1

以下就增钙灰与碱渣拌和后所起的化学反应及其微观结构进行研究。

3.4.2　增钙灰对碱渣的强度提高机理

（1）增钙灰的水化作用。

粉煤灰是燃煤电厂将原煤磨成煤粉喷进锅炉燃烧后形成的产物。由于煤种和燃烧条件不同，粉煤灰化学成分的百分含量有较大的波动。但主要成分为 SiO_2，Al_2O_3，其他还有 Fe、Ca、Mg、K、Na 等的氧化物、硫化物和部分碳粒以及少量的微量元素。增钙灰即 CaO 含量较高的粉煤灰，又称高钙粉煤灰。它是由褐煤燃烧或是在粉煤灰燃烧过程中加入了石灰石（CaO）后生成的。由于增钙灰中的 CaO 含量较高，所以具有较高的活性。下表是天津碱厂电厂的增钙灰的化学成分。

表 3.4.2　增钙灰的化学成分含量

成分	SiO_2	Al_2O_3	CaO	Fe_2O_3	Mg	烧失量
含量（％）	35	22	15	6	2	20

增钙灰具有火山灰性质，能发生自身硬化。其火山灰活性主要来源于其中的大量由硅铝组成的玻璃体。在电镜下可看到增钙灰微粒主要是球形的硅铝玻璃体，与普通粉煤灰相比，增钙灰颗粒形貌更圆整，光滑，多孔体更少。研究表明粉煤灰中的玻璃体越多，其活性越高。

首先增钙灰中的 CaO 与碱渣中的水相互作用，形成 $Ca(OH)_2$，反应如下：

$$CaO + H_2O \rightarrow Ca(OH)_2$$

这些氢氧化钙与二氧化硅和三氧化二铝发生水化反应，生成水化硅酸钙和水化铝酸钙：

$$mCa(OH)_2 + SiO_2 + (n-1)H_2O \rightarrow mCaO \cdot SiO_2 \cdot nH_2O$$

$$mCa(OH)_2 + Al_2O_3 + (n-1)H_2O \rightarrow mCaO \cdot Al_2O_3 \cdot nH_2O$$

碱渣中还含有很多硫酸钙，它们可以和这些水化物反应生成水化硫铝酸钙：

$$mCaO \cdot Al_2O_3 \cdot nH_2O + CaSO_4 \cdot 2H_2O \longrightarrow mCaO \cdot Al_2O_3 \cdot CaSO_4 \cdot (n+2)H_2O$$

水化硅酸钙，水化铝酸钙和水化硫铝酸钙都是水硬性化合物，它们包裹在增钙灰玻璃体表面，并逐渐形成交织状结晶体，对碱渣颗粒起到胶结作用，从而提高其强度。

（2）重结晶在提高碱渣强度中的作用。

水化反应进行的比较慢，需要一定的时间才能完成。表现在碱渣土的宏观性质上就是它有一定的龄期。取干容重 9.0 kN/m³，含水量 53%，配比为 90% 碱渣、10% 增钙灰的土样进行龄期实验，结果如表 3.4.3。

表 3.4.3　碱渣土不同龄期试验结果

养护时间	7 天	28 天	90 天
单轴抗压强度 q_u（Mpa）	0.38	0.43	0.46

以上数据表明 28 天后，硬化基本结束，强度提高了约 12%。根据表 3.4.1 中的数据，在没有进行放置、养护的情况下，碱渣与增钙灰混合物的强度比纯碱渣的强度提高了约 52%。这说明，除了增钙灰的活性以外，还有其他更重要的因素影响着碱渣土的强度，而且这样的因素在短时间内就能发生作用。

增钙灰中的氧化钙和水反应生成氢氧化钙，这个反应进行的很快，短时间内就能完成，钙离子和氢氧根离子的增加，使得下列反应得以进行：

（1）$Ca^{2+} + CO_3^{2-} = CaCO_3 \downarrow$；

（2）$Mg^{2+} + 2OH^- = Mg(OH)_2 \downarrow$；

（3）$Ca^{2+} + SO_4^{2-} = CaSO_4 \downarrow$。

从上面的反应式可以看出，增钙灰主要从以下几个方面来提高碱渣土的强度：①氧化钙吸水，降低了碱渣的含水量；②使得碱渣孔隙水中的离子发生交换反应，产生沉淀，增加了固形物，同时结晶物在颗粒之间起到了胶结作用，提高了碱渣的强度。从纯碱渣与碱渣和增钙灰形成的碱渣土的微结构照片（图 3.4.1 和 3.4.2）的对比中，增钙灰使混合物中的针状的碳酸钙、硫酸钙的成分明显增加了；③在照片中还可以看出，增钙灰的颗粒填充在碱渣的颗粒中，增加了碱渣土的密实度，从而提高了碱渣土的强度。

图 3.4.1　纯碱渣的微观结构

图 3.4.2　碱渣与增钙灰的
混合物的微观结构

3.4.3　小结

碱渣与碱渣土的扫描电镜图像表明，碱渣有多孔团聚体颗粒组成，它对碱渣的宏观力学性质起了重要影响。增钙灰的加入对碱渣的工程性质有很大改善，重结晶作用在这里起了主要作用，增钙灰的火山灰性质起的作用是次要的。

3.5　碱渣工程土微观结构的定量分析

3.5.1　综述

从 1925 年 Terzaghi 首次提出微结构概念以来，有关土的微结构的研究经历了大约 70 多年的历史。他的"在评价黏土类土和岩石的工程地质性质时，应当考虑其微结构的必要性"的思想已深入人心，大量的理论性成果为解释土的力学行为的本质与规律起了重要作用。但是由于土体微结构是复杂自然环境的综合产物，具有明显的不确定性和非均质性，难以量化，因而至今研究工作仍停留于定性分析的水平上，岩土工程的基础理论——土力学也不得不长期沿袭传统的连续介质模式，在许多情况下很难通近于土体的自然状态。分形理论在岩体结构非确定性问题研究方面取得的重大进展，计算机图形处理技术的发展，为土体微结构的研究提供了新的思路，注入了新的活力。人们又开始了新一轮的微结构研究热潮，并普遍认为分形理论很可能成为有效解决土体微结构量化问题的突破点。

获取土体的微观结构信息，是微结构量化的前提。获得微结构信息的手段很多，目前使用的直接手段和间接手段主要有：

$$直接手段\begin{cases} 压汞 \longrightarrow 孔隙的大小和数量 \\ 气体吸附 \longrightarrow 孔隙大小 \end{cases}$$

$$间接手段\begin{cases} X-射线衍射 \longrightarrow 定向性 \\ 电弥散法 \longrightarrow 孔隙性 \\ 磁化率法 \longrightarrow 定向性 \\ 渗透法 \longrightarrow 各向异性度 \\ 声波法 \longrightarrow 各向异性度 \\ 偏光显微光度法 \longrightarrow 定向性 \\ 计算机图像分析 \longrightarrow 结构图片上的所有信息 \end{cases}$$

可以看出，计算机图像分析的方法，具有比其他方法更优越的特性，在

66

土体的微结构定量化研究中，它越来越受到人们的重视。所谓计算机图像分析，就是指通过电子显微镜，获取土体的微观图像，然后利用计算机进行图像处理，提取出定量指标，再根据这些指标分析解释土体的结构特性和力学行为。

在前面几章中，我们对碱渣和碱渣土的微观结构已经作了定性分析。本章根据分形理论为土体的微观结构定义了几个定量指标，并在微机上开发了一套图像处理系统，对碱渣和碱渣土的微结构进行了量化，同时为了使这些量化指标能够解释碱渣土的力学行为，我们还做了无侧限抗压强度实验，把实验值与量化结果做了回归分析，得出了一些重要的结论。具体操作步骤如下。

（1）击实试验：把90%的碱渣与10%的增钙灰混合均匀（碱渣和增钙灰均来自天津碱厂其化学成分和物理性质见前述），在击实仪上，按照标准实验步骤进行试验，不同之处在于，对同一含水量的碱渣土进行两次击实，也就是说制备含水量相同的两个土样。在这个过程中要按含水量对土样进行编号。试验的结果就是制备了两组土样，一组用于无侧限抗压强度试验以获得其宏观力学指标，另一组用于扫描电镜试验以获得其微观信息。

表 3.5.1　碱渣土击实后的干容重

含水量（%）	33.2	44.8	50.0	64.2	73.9	83.8
干容重（kN/M³）	7.15	7.17	8.1	7.13	7.0	6.79

（2）无侧限抗压强度：在应变控制式无侧限压力仪上，对上面制备的一组土样进行试验，试验结果如下。

表 3.5.2　击实碱渣土的无侧限抗压强度

含水量（%）	33.2	44.8	50.0	64.2	73.9	83.8
无侧限抗压强度 q_u（Kpa）	140	198	258	246	226	157

（3）扫描电镜试验：试验是在天津大学分析中心进行的，试验步骤如下：

Ⅰ.把另一组击实试样中的每一个土样，都用削土器削成4个长、宽各约2 cm，高约8 cm的细长条，然后把这些长条形土样放在湿度60左右，温度20℃左右的通风环境中一周左右，使之自然风干。

Ⅱ.把风干后的长条形土样，用手轻轻掰成几段。取一两个较平整的表面，用胶管轻轻吹去上面的土粒，然后送入真空室，喷镀金膜或碳膜。

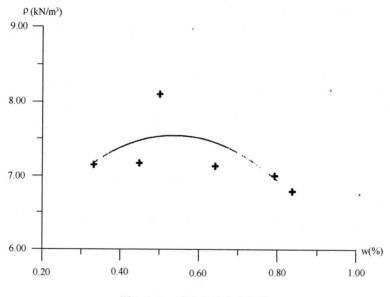

图 3.5.1　碱渣土的击实曲线

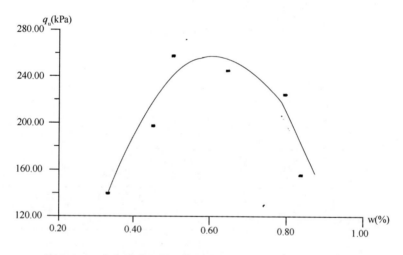

图 3.5.2　击实碱渣土的无侧限抗压强度与含水量的关系曲线

Ⅲ. 把镀上金膜或碳膜的小土样固定在固定架上，涂上导电液，送入观测室，就可以进行观测了。

Ⅳ. 根据观测台上的显示屏，选择合适的放大倍数和适当的观测区域，最后把图像输出到计算机中或者拍成照片。计算机中这些二进制的图像文件就包含了碱渣土的微观信息。

（4）用微观图像处理系统处理这些图像文件，对碱渣土的微结构进行的量化。

（5）量化结果与无侧限抗压强度的试验结果放在一起作统计分析，解释碱渣土的力学行为。

3.5.2　分形维数

B. B. Mandelbrot 在总结了自然界的非规整几何图形之后，于 1975 年第一次提出了分形这个概念。分形的英文单词是 Fractal，来自于拉丁语的 Fractus，表示弄碎的意思。与传统的欧氏几何不同之处在于，分形几何描述那些非常不规则以至于不适合视为经典几何研究对象的物体。这些物体一般具有精细的结构，局部和整体往往具有某种程度的自相似性。例如，天空中的云朵、岩石表面、曲折的海岸线、闪电等等。到目前为止，人们已经在数学、物理学、化学、计算机科学、力学、经济学等诸多领域对分形进行了研究，有些仅仅是开端，有些已经取得了实用性的成果。分形几何是描述突变性、粗糙性、颗粒性的非常好的工具，它在岩石力学的诸多方面，如岩石及其节理表面的粗糙度刻划、断裂发育及其生长特征描述及结构面分析等，所取得的重大进展为土力学微结构的研究带来了良好的前景。

那么什么是分形呢？Mandelbrot 在 1986 年给出的定义为：组成部分与整体以某种方式相似的形叫分形。一般来说，一个被称之为分形的物体或集合 F，具有下面典型的性质：

（1）F 具有精细的结构，即有任意小比例的细节。

（2）F 非常不规则，它的局部和整体都不能用传统的几何语言描述。

（3）F 通常具有某种自相似的形式，可能是近似的或统计意义上的。

（4）一般地，F 的分形维数（以某种形式定义）大于它的拓扑维数。

（5）在大数令人感兴趣的情形下，F 以非常简单的方法定义，可能由迭代产生。

在自然现象和人工现象中，自相似是广泛存在的，例如考虑从空中拍下的一段海岸线的图片（如图 3.5.3），可以看出从空中观察到的景象与从高出海岸线 10 km 外观察到的景象是相似的，而 10 km 这个距离还可以缩短为 1 km，1 ft，1 in……而其相似性仍然存在。下面的 Von Koch 曲线（如图 3.5.4）是一个纯数学上的分形，它的构造规则如下：设 E_0 是单位长度的直线段，E_1 是 E_0 除去中间 1/3 的线段而代之以底边被除去的等边三角形的另两条边所得到的集合，它含有四个线段，把同样的过程施加到 E_1 的每个直线段上构造 E_2，以此类推，于是 E_k 是把 E_{k-1} 的每个直线段中间的 1/3 用等边三角形的另两条边取代而得到的。当 R→∞，折线序列趋于极限的曲线 F 称为 Von Koch 曲线。

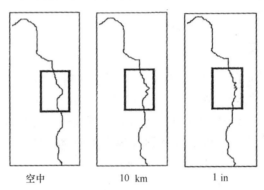

空中　　　　　10 km　　　　　1 in

图 3.5.3　渐次接近的海岸线部分

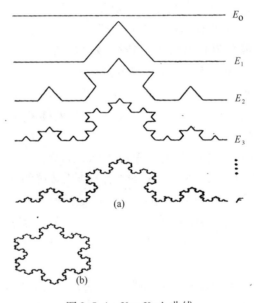

图 3.5.4　Von Koch 曲线

对于这些非线性的不规则物体，传统的欧氏几何是无法刻划的。分形几何的意义就在于给出这些物体复杂程度的一种描述，它使用的工具，就是许多形式的维数。一般来说分形维数大于物体的拓扑维数，而且不是整数值。

根据应用的需要，定义分形维数的方法并不唯一，只要它能反映这个集合在某一方面的特征就可以。在这里我们仅介绍豪斯道夫维数和计盒维数。

1）豪斯道夫维数

在被人们使用的多种多样的分形维数中，以测度理论为基础的豪斯道夫维数是最古老也是最重要的一种，它有利用理解分形的数学机理，由于它是建立在测度理论的基础之上的，所以具有在数学上便于理解和处理的优点。它的缺点是在很多情形下，尤其是在实际应用中难以计算它的值，因此人们又构造了其他与之等价的维数。

如果 U 为 n 维欧几里得空间 R^n 的任意非空子集，U 的直径定义为：

$$| U | = sup\{| x - y | : x, y \epsilon U\} \qquad 公式（3-3）$$

即 U 内任意两点距离的最大值。如果 $\{U_i\}$ 为覆盖集 F 的维数（或有限）各直径不超过 δ 的集构成的集类，即 $F \subset U_{i=1}^{\delta} U_i$ 且对每一个 i 都有 $0 < | U_i | < δ$，则称 $\{U_i\}$ 为 F 的一个 δ—覆盖。

设 F 为 R^n 中的任意子集，s 为一非负数，对任意 >0，

$$\xi_{\delta}^s(F) = inf\{\sum_{t=1}^{\infty} | U_i | s : \{U_i\} \text{ 为 } F δ - 覆盖\} \qquad 公式（3-4）$$

于是考察所有直径不超过 δ 的 F 覆盖，并试图使这些直径的 s 次幂的和达到最小（如图3.5.5）。当 s 减小时，公式（3-4）中能覆盖 F 的集类是减少的，所以下确界 $\xi_{\delta}^s(F)$ 随 $s \to 0$ 而趋于一极限，记为

$$\xi_{\delta}^s(F) = \lim_{\delta \to 0} \xi_{\delta}^s(F) \qquad 公式（3-5）$$

对 R^n 中的任何子集 F，这个极限都存在，但极限值可以是（并且通常是）0 或 ∞。ξ^s 为一测度，我们称孝 $\xi^s(F)$ 为 F 的 s - 维豪斯道夫测度。

豪斯道夫测度推广了长度、面积等类似的概念，可以证明，R^n 中任何子集的 n 维豪斯道夫与 n 维勒贝格测度即通常的 n 维体积相差一常数倍。长度、面积和体积的比例性质是众所周知的，当比较放大 λ 倍时，曲线的长度放大 λ 倍，平面区域的面积放大 $λ^2$ 倍，三维物体的体积放大 $λ^3$ 倍，而 s - 维豪斯道夫测度放大了 $λ^s$ 倍（如图3.5.6），这个比例性质是分形理论的基础。

由式（3-4）容易看出，对任意给定的集 F 和 δ < 1，$\xi_{\delta}^s(F)$ 对 δ 是不增的，因此根据式（3-5），$\xi^s(F)$ 也是不增的，事实上有进一步的结论，若 t > s，且 $\{U_i\}$ 为 F 的 s - 覆盖，我们有

$$\sum | U_i |^s \leqslant \delta^{1-s} \sum i | U_i |^s \qquad 公式（3-6）$$

取下确界得 $\xi_{\delta}^s(F) \leqslant \delta^{1-s} \xi_{\delta}^s(F)$。令 δ→0，可见对于 t > s，若孝 $\xi^s(F)$ < ∞，则 $\xi^1(F) = 0$，同理，若 t < s，我们可得到结论 $\xi^1(F) = \infty$，$\xi^s(F)$ 关

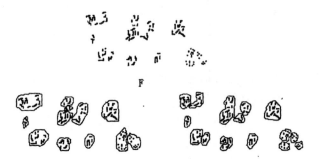

$| \delta |$

图 3.5.5　集 F 和 F 的两个可能的 δ - 覆盖，取遍所有这样的 δ - 覆盖 $\{U_i\}$ 而得的 $\sum | U_i |^s \sum$ 的下确界给出 $\xi_\delta^s (F)$

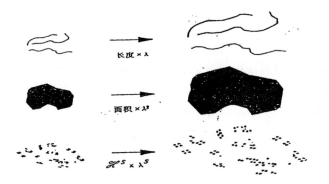

图 3.5.6　用比例 λ 放大集合，长度放大 λ 倍，面积放大 λ^s 倍，s - 维豪斯道夫测度放大 λ^s 倍

于 s 的图（图 3.5.7）表明，存在 s 的一个临界点使得 $\xi^s (F)$ 从 ∞ "跳跃" 到 0，我们把这个临界值称为豪斯道夫维数，记为 $\dim_H F$。即

$$\xi s(F) = \begin{cases} \infty & \text{若 } s < \dim_H F \\ 0 & \text{若 } s > \dim_H F \end{cases} \qquad (3-7)$$

若 $s = \dim_H F$，则 $\xi^s (F)$ 可以为零、无穷或者满足

$$0 < \xi^s (F) < \infty \qquad (3-8)$$

例如，设 F 为 R^3 中具有单位半径的平面圆盘，由长度、面积、体积的性质可知，$\xi^s (F) = \text{length } \xi (F) = \infty$，$0 < \xi^s (F) < \pi \cdot \text{area} (F)/4 < \infty$，$\xi^3 =$

72

$\pi \times \text{Vol}(F)/6 = 0$，所以 $\dim_H F = 2$。

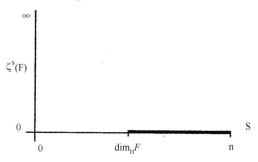

图 3.5.7　集 F 的 $\xi^s(F)$ 对 S 的图。豪斯道夫
维数是从 ∞ "跳跃" 到 0 时 S 的值

从上面的定义可以看出，分形维数反映的实际上是测度观的转变，即从
勒贝格测度到豪斯道夫测度的转变，它反映了人类对自然界精细结构的一种
认识。

2）计盒维数

豪斯道夫维数深刻地揭示了分形维数的数学内涵，但是由于它在数值计
算中存在一定的困难，所以人们又提出了许多与之基本等价的，在数值计算
和经验估计中相对容易一些的维数定义，计盒维数或盒维数（Box - Counting
or Box Dimension）就是其中应用最广泛的一种。

设 F 是 R^n 上任意非空的有界子集。$N_\delta(F)$ 是直径最大为 δ，可以覆盖
F 的集最少个数，则 F 的上、下计盒维分别定义为：

$$\underline{\dim}_B F = \lim_{\delta \to 0} \frac{\log N_\delta(F)}{-\log\delta}$$

$$\overline{\text{Dim}}_B F = \overline{\lim_{\delta \to 0}} \frac{\log N_\delta(F)}{-\log\delta}$$

如果这两个值相等，则称这个共同的值为 F 的计盒维数，记为

$$\dim_B F = \lim_{\delta \to 0} \frac{\log N_\delta(F)}{-\log\delta}$$

在实际应用中，常常把 $N_\delta F$ 取为与 F 相交的边长为 δ 的网立方体个数
（网立方体是指在 R^n 中下列形式的立方体 $[m_1\delta, (m_1+1)\delta] \times [m_n\delta,$
$(m_1+1)\delta]$，其中 $m_1 \cdots m_n$ 都是整数，易见 R^1 的立方体即为区间，R^2 上为正
方形，R^3 上为正方体，然后做 $\log N_\delta(F)$ 与 $\log\delta$ 的关系曲线，如果基本上成直

线，斜率为 K，那么就认为该集合是一个分形，且分形维数 $dim_H F = K$。经证明，这样的经验估计与它的定义是等价的。

盒维数的经验估计恰好对盒维数的定义做了一个贴切的解释：与集 F 相交的边长为 δ 的网立方体的个数正好表示了这个集合是如何展开的，或者说是以尺度 δ 为度量时，这个集的不规则程度。维数反映了当 δ→0 时集合的不规则性是如何迅速展开的。

豪斯道夫维数和盒维数具有如下关系，对于任意 $F \subset R^n$ 成立

$$\dim_H F \leqslant \underline{\dim}_B F \leqslant \overline{\dim}_B F$$

对一些"相当规则"的集合来说，豪斯道夫维数和盒维数是相等的，但是在更多的情况下，不等号是严格成立的。另外，盒维数的一些基本性质与豪斯道夫的维数一些基本性质也是相似的，这也是尽管盒维数是定义在经验之上但仍能广泛应用的原因之一。

3.5.3 碱渣土微观结构指标的选取

碱渣土是碱渣与增钙灰（或其他拌和材料）的混合物，无论是从其物质组成还是从其存在形式上来看，都是十分复杂的。但是，如果仅从几何形态上来考虑，情况就会以变得相当简单一些。我们说碱渣土是由碱渣土颗粒和孔隙组成（统称为要素）的，要素本身的形态（例如粒径，形状等），以及要素的分布或它们之间的排列组合方式都会影响到碱渣土的宏观性质，因此选取的微结构指标应能反映出这两部分特性。下面两个表是我们定义的微结构指标。

表 3.5.3 反映要素形态的指标

名称	符号	定义	意义
颗粒平均粒径	G_D	颗粒的平均最长弦	反映土粒的大小
颗粒平均面积	G_A	颗粒的平均像素数	反映土粒的大小
孔隙的平均面积	P_A	孔隙的平均像素数	反映孔隙的大小
颗粒的平均形状系数	G_S	（颗粒的平均周长）平均面积/4/π	反映土粒的形状

表 3.5.4 反映要素组合关系的指标

名称	符号	意义
空间分维	D_{Cd}	反映颗粒分布情况和密实状况
平面分维	D_{Pd}	反映颗粒分布情况和密实状况
信息分维	D_{Id}	反映颗粒的分布及其本身的复杂情况

上述这些结构要素并不是孤立的，每一个指标只能反映碱渣土某一方面的结构形态，这些指标相互联系，相互影响，随着外界环境的变化而变化，而且其中一些指标可能会占主导地位，本文的目的就是要找出那些占主导地位的指标。

在刻划要素之间的组合关系时，本文采用了分形维数。其一，是因为分形维数是一个无量纲、无标度的量，它减弱了微观图像的分辨率、放大倍数等对计算结果的影响；其二，是因为从直观上看，碱渣土的颗粒结构，比较适合于做分形几何的研究对象，土体的工程性质实际上是土体结构单元体性质的综合表现，而结构单元体性质又在很大程度上取决于土粒集合体甚至更小的单粒矿物的性质，也就是说存在某种意义上的层次性和自相似性。关于这一点，我们可以从图3.5.8的分形岩石中得到一点启示，下图的分形岩石完全是计算机根据一定的自仿射规则模拟出来的。

图3.5.8　计算机模拟出来的分形岩石

由于要素形态指标的算法比较简单，仅介绍三个要素组合关系指标。

1）平面分维 D_{Pd}

微观图像上的颗粒分布情况能反映土体的密实程度。经二值化过的灰度图像变成了二值图像，白色代表颗料，黑色代表孔隙。本文采用计盒维数来估计平面分维 D_{pd}，具体做法如下：

如图3.5.9，假设图像中含有多个颗粒（图中点状闭域），以边长为 ε 的正方形将图像分割成规格为 $(L/\varepsilon) \cdot (L/\varepsilon)$ 正交网格，并且设含有颗粒（或一部分）的网格总数为 $N(\varepsilon)$，如果改变 ε，使其在值域 [1，256] 范围内序列变化，如 ε_1，ε_2，…，ε_n，则将得到相应的序列值 $N(\varepsilon_1)$，$N(\varepsilon_2)$，…，$N(\varepsilon_n)$，将这些数据对描绘于双对数坐标系中，即可直观地确定 $\log\varepsilon - \log N(\varepsilon)$ 对应关系。

如果存在线性特征，表明颗粒分布具有分形特征，若线性部分的斜率为

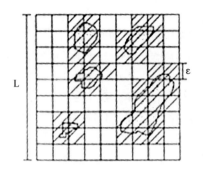

图 3.5.9　平面分维算法示意图

k，那么

$$D_{pd} = -\lim_{\varepsilon \to 0} \frac{\log N(\varepsilon)}{\log \varepsilon} = -k$$

D_{pd} 值越大，表明颗粒分布越均匀，集团化程度越低，密实度越大。

2）空间分维 D_{Cd}

在平面分维中，首先要对灰度图像二值化，使之变成黑白图像。这必然丢失图像中的很多信息。扫描电镜的优点之一就是拍出的照片景深大，立体感强。灰度图像上每一个像素点灰度值的大小是由物体上对应点的相对高度决定的，相对高度越大，灰度值越大，也就显得越亮。为了充分利用扫描电镜的这些优点，更加接近自然地反映碱渣土的微观结构，在计算空间分维 D_{Cd} 时，不再二值化处理。具体算法如下：

假设图像的大小为 M×M，灰度级为 G，将图像的 x - y 平面分成大小为 δ×δ 的格子，每个格子对应三维空间中的一叠 δ×δ×δ⁻ 的盒子，则在第（i，j）个格子中，图像灰度的最大值位于第 1 个盒子内，最小值位于第 k 盒子内，则在第（i，j）个格子中，覆盖图像曲面的盒子数 $N_\delta = 1 - k + 1$，对整幅图像来说，非空的 δ×δ×δ⁻ 盒子数 $N_\delta(i, j) = \sum_{i,j} N_\delta(i, j)$，对不同的 δ 值，绘制 $\log N(\delta)$ 和 $-\log\delta$ 的双对数曲线，斜率 K 即为 D_{Cd}，δ 和 δ⁻ 关系为：［G/δ⁻］=［M/δ］，也就是说 $N(\delta) = \sum_{i,j} \text{ceil}(N_\delta) / \delta \times M/G$。

可以看出 D_{Cd} 综合地反映了颗粒和孔隙的分布情况，D_{Cd} 越大，不但表明颗粒的集团化程序越低，还表明颗粒本身的结构也越复杂，表面越粗糙。

3）信息分维 D_{Id}

信息分维 D_{Id} 是利用信息维的概念来求得的。假设一幅图像的大小为 M×

M,最小灰度值为 G_{min},最大灰度值为 G_{max},图像上每个点 (i,j) 的灰度值为 $f(i,j)$,那么每个像素点属于颗粒的概率为 $p(i,j) = [(f(i,j) - G_{min})]/(G_{max} - G_{min})$。我们再用 $\times\delta$ 大小的格子分割图像,第 (l,k) 个格子属于颗粒的概率

$$p(l,k) = \sum_{i=l\cdot\delta}^{(l+1)\cdot\delta} \sum_{j=k\cdot\delta}^{(k+1)\cdot\delta} p(i,j)/\delta/\delta, \quad N(\delta) = \sum_{(l,k)} p(l,k)\cdot\log[1/p(l,k)],$$

改变 δ 的大小,得到一系列的 $N(\delta)$,最后求得 $\log N(\delta)$ 和 $-\log\delta$ 的斜率 k,即为我们所求的 D_{ld}。

实际上当 δ 一定时,$N(\delta) = \sum_{(l,k)} p(l,k)\cdot\log[1/p(l,k)]$ 即为图像的熵,而熵本身也是反映系统秩序的一个概念,所以说信息分维 D_{ld} 也是一个反映颗粒分布状态的指标。

3.5.4 土体微观结构图像处理系统

3.5.4.1 系统程序流程图

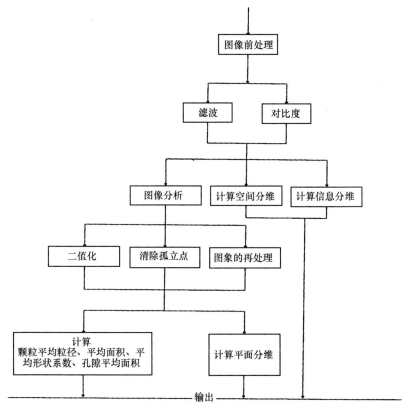

图 3.5.10 系统程序流程图

77

3.5.4.2　数字化图像

一幅连续图像是光强度（亮度）的函数，可用函数 $f(x,y)$ 表示，表明在空间坐标 (x,y) 处，光强度为 f。为了用计算机进行处理，必须把连续图像离散化，即把连续图像 $f(x,y)$ 按等间隔采样，把 (x,y) 平面上划分成网眼似的小格子，每个小格子上赋予整数值，称之为地址，用以标记小格子的位置，一个小格子叫做一个像素；接着再把每一个像素的值按要求的次度级进行量化，如 16 级，64 级，256 级等等，用 l 表示，l 越大，图像的细节越丰富，我们在天津大学分析中心的扫描电镜上获得的碱渣土的微观图像是 256 级的。经离散化的图像可用下式表达：

$$f(x,y) \approx \begin{vmatrix} f(0,0) & f(0,1) & K & f(0,n-2) & f(0,n-1) \\ f(1,0) & f(1,1) & K & f(1,n-2) & f(1,n-1) \\ M & M & \Lambda & M & M \\ f(m-2,0) & f(m-2,1) & \Lambda & f(m-2,n-2) & f(m-2,n-1) \\ f(m-1,0) & f(m-1,1) & \Lambda & f(m-1,n-1) & f(m-1,n-1) \end{vmatrix}$$

n = 图像宽度，m = 图像高度，$0 \leqslant f(i,j) \leqslant l-1$。

3.5.4.3　图像的前处理

当图像输入计算机中的时候，受输入转换器件及周围环境的影响，图像中常含有各种各样的噪声，并产生失真。为了稳定地提取微结构指标，必须消除噪声，校正失真。

1）保持边缘的滤波

一般认为在图像中噪声是由高频成分组成的，而边缘也是高频成分，所以一般情况下，滤波的同时，往往也使图像上灰度尖锐变化的边缘和线条模糊不清了，本系统使用的方法，既可保持边缘又能消除其他部分的噪声，具体做法如下：

对图像中的任一点 (i,j) 以该点为端点沿 θ 方向取一细长的长方形 S（见图 3.5.11），然后求 S 的灰度平均值 U_θ，和标准差 σ_θ 为最小值时的长方形 Q。可以认为此长方形是最平滑的，其中边缘和线的变化是最小的，(i,j) 点的新灰度值就是在 Q 方向上长方形的灰度平均值 U_Q。如图（3.5.12），本系统采用 5×5 的区域，包含 (i,j) 占在内的一角形，六角形各 4 个（见图 3.5.12a 和 b）和 3×3 的正方形区域 1 个（见图 3.5.12c）。

2）对比度增强

有时候输入图像的灰度范围集中在一个狭窄的区域内，使得图像变得模

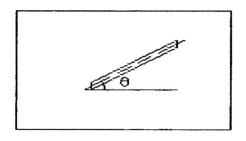

图 3.5.11 保持边缘的滤波

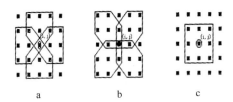

a   b   c

图 3.5.12 保持边缘滤波区域的选择

糊不清，没有层次，为了使图像更加清晰，需要把图像的灰度范围进行扩展。设一幅图像的灰度级为 R，图（3.5.13a）是其灰度直方图，灰度范围集中在区间（x_1，x_2），经灰度变换后，其范围扩展到（a，b），任一像素点（i，j）处的灰度值 $f(i, j)$ 由式决定：

$$\frac{f(i,j) - x_1}{x_2 - x_1} = \frac{f'(i,j) - a}{b - a} \quad 即 \quad f'(i,j) = a + \frac{b - a}{x_2 - x_1}[f(i,j) - x_1]$$

$f(i, j)$ 为原图像在（i，j）处的灰度值。

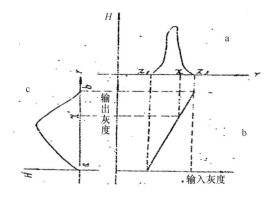

图 3.5.13 线性灰度变换

3.5.4.4 图像分析

在提取浓淡图像的各种几何特征之前，必须通过阈值处理、边缘检出或区域来区分出背景和对象物。在我们这里就是区分出碱渣颗粒和孔隙。由于碱渣土的微观图像非常复杂，边缘检出和区域分割的效果都不好，所以我们通过取一定的阈值对图像进行二值化，以区分出颗粒和孔隙。

1）二值化

二值化就是通过一定的方法设定某一阈值 θ，把图像数据分成两部分，使其成仅有两个灰度级的图像，一个灰度级表示背景，另一个表示对象物。例如，对于输入图像 $f(x,y)$，输出图像为 $f'(x,y)$，则

$$f(x,y) = \begin{cases} 1 & f(x,y) \geqslant \theta \\ 0 & f(x,y) < \theta \end{cases}$$

迄今为止，还没有一个万能的方法适合所有的图像，因为图像千差万别，背景数据和对象物的数据常常混在一起，所以阈值选择一直是一个让人头疼但又不得不面对的问题。在这里我们采用了二维熵阈值选择算法，这是目前比较新、研究也比较多的一种算法。

熵是平均信息量的一个表征，根据信息论，熵的定义为：

$$H = -\int_{-\infty}^{+\infty} p(x,y)\log p(x,y)\,dx$$

其中 $p(x)$ 是随机变量 x 的概率密度函数。对于数字图像，x 可以是灰度、区域灰度、灰度梯度等特征。Abutaleb 提出的二维最大熵其中选择方法利用图像中各像素的点灰度及其区域灰度均值生成二维直方图，然后确定最大二维熵，据此选择出最佳阈值。根据这个阈值分割出来的图像包含原始图像的灰度信息和空间信息的量最大。

设原始灰度图像的灰度级为 l，则原始图像中的每一个像素点都对应于一个灰度均值对，设 f_{ij} 为图像中点灰度为 i 及其区域灰度均值为 j 的像点数，p_{ij} 为点灰度—区域灰度均值对 (i, j) 的发生概率，则 $p_{ij} = f_{ij}/N/N$，其中 $N \times N$ 为图像大小，那么 $\{p_{ij}, i, j = 1, 2, \cdots, l\}$ 就是该图像关于点灰度—区域均值的二维直方图。图 3.5.14 是一幅海上目标图像的二维直方图，从图中可以看出，点灰度—区域灰度均值对 (i, j) 的概高峰主要分布在 XOY 平面的对角线附近，并且在总体上呈现出双峰和一谷的状态。这是由于图像的所有像素中，目标点和背景点所占的比例最大，而且目标区域和背景区域内部像素灰度比较均匀，点灰度—区域灰度均值相差不大，所以都集中在对角线附近。偏离 XOY 平面对角线的坐标处，峰的高度急剧下降，这部分反映的是图像中

的边缘点和噪声点。图3.5.15为二维直方图的 *XOY* 平面，沿对角线分布的 A 区和 B 区分别代表目标和背景，偏离对角线的 C 区和 D 区代表边界和噪声，所以应该在 A 区和 B 区上用点灰度—区域灰度均值二维最大熵法确定最佳阈值，使真正代表目标和背景的信息量最大。

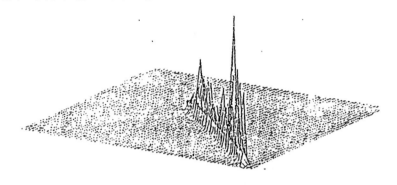

图 3.5.14　海上目标图像的二维直方图

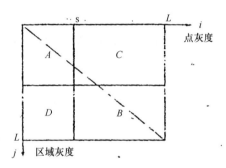

图 3.5.15　二维直方图的 *XOY* 平面

设 A 区和 B 区各自具有不同的概率分布，如果阈值设在（s，t），则

$$P_A = \sum_i \sum_j p_{ij} \qquad i = 1, \cdots, s; j = 1, \cdots, t;$$

$$P_B = \sum_i \sum_j p_{ij} \qquad i = s+1, \cdots, l; j = t+1, \cdots, l$$

定义离散二维熵为

$$H = -\sum_i \sum_j p_{ij} \log p_{ij}$$

则 A 区和 B 区的二维熵分别为

81

$$H(A) = -\sum_i \sum_j (p_{ij}/P_A)\log(p_{ij}/P_A) = \log P_A + H_A/P_A$$

$$H(B) = -\sum_i \sum_j (p_{ij}/P_B)\log(p_{ij}/P_B) = \log P_B + H_B/P_B$$

其中

$$H_A = -\sum_i \sum_j p_{ij}\log p_{ij} \qquad i = 1,\cdots,s; j = 1,\cdots,t;$$

$$H_B = -\sum_i \sum_j p_{ij}\log p_{ij} \qquad i = s+1,\cdots,l; j = t+1,\cdots,l;$$

由于 C 区和 D 区包含的是关于噪声和边缘的信息，所以我们将其忽略不计，假设 C 区和 D 区的发生概率 $p_{ij} \approx 0$，则：

$$P_B = 1 - P_A$$

$$H_B = H_L - H_A$$

其中：$H_L = -\sum_i \sum_j p_{ij}\log p_{ij} \qquad i = 1,\cdots,l; j = 1,\cdots,l;$

则

$$H(B) = \log(1 - P_A) + (H_L - H_B)/(1 - P_A)$$

熵的判别函数定义为

$$\varphi(s,t) = H(A) + H(B) = \log[P_A(1-P_A)] + H_A/P_A + (H_L - H_A)/(1-P_A)$$

选取的最佳阈值向量 $(s*,t*)$ 满足：

$$\varphi(s*,t*) = \max\{\varphi(s,t)\}$$

2）消除孤立点

由于碱渣土颗粒的表面起伏很大，而且有很多小孔隙，这使得二值化后的图像仍有许多小麻点，干扰以后的指标计算，所以要消除掉这些小麻点。具体算法如图 3.5.16 所示：

3）对二值图像的再处理

对于某些图像，颗粒之间的距离很小，二值化后，就变成了一个颗粒，这对计算颗粒的粒径等指标有很大影响，所以在这个模块里，开了两个窗口，一个显示处理后的二值图像，另一个显示原始图像，这样可根据原始图像对二值图像中不满意的地方进行人工修改，如画线，填充等等。对二值图像处理完后即可计算结构指标，有关的定义见本章第 3.5.3 部分（碱渣土微观结构指标的选取），这里不再赘述。

82

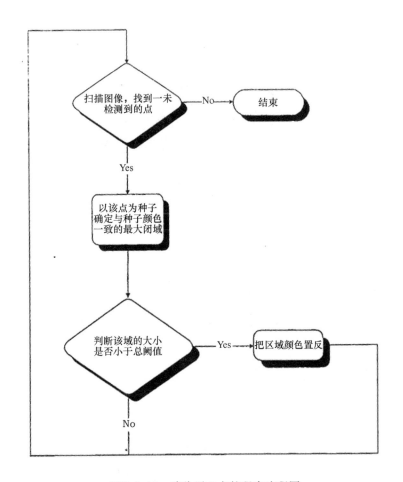

图 3.5.16 消除孤立点的程序流程图

3.5.5 碱渣土微结构定量化的结果

图 3.5.17 为根据 D_{Cd}，D_{Pd}，D_{Rd} 的定义计算出来的 $\log N(\delta) - \log \delta$ 双对数曲线，由于篇幅有限，这里仅给出了含水量为 50%，放大倍数为 2 000 倍的碱渣土的计算结果。

下表为不同含水量，不同放大倍数的碱渣土的微观结构的计算结果：

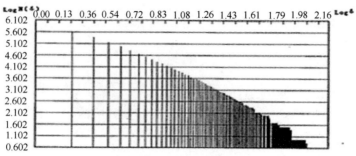
空间分维的双对数曲线

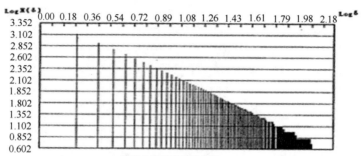
信息分维的双对数曲线

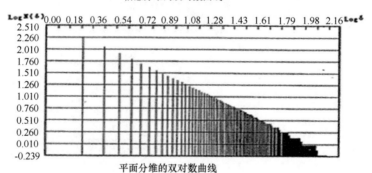
平面分维的双对数曲线

图 3.5.17　含水量 50% 的击实碱渣土的维数计算曲线

表 3.5.5　不同含水量，不同放大倍数的碱渣土的微观结构的计算结果

含水量 （%）	放大 倍数	空间分维 （D_{Cd}）	信息分维 （D_{Id}）	平面分维 （D_{Pd}）	孔隙比	颗粒平 均面积	孔隙平 均面积	颗粒平均 形状系数
32.3	2 000	2.447	1.930	1.941	0.517	4 333	5 015	14.973
32.3	2 000	2.485	1.848	1.935	0.386	5 632	3 391	18.070

84

含水量 （%）	放大 倍数	空间分维 （D_{Cd}）	信息分维 （D_{Id}）	平面分维 （D_{Pd}）	孔隙比	颗粒平均 面积	孔隙平 均面积	颗粒平均 形状系数
32.3	1 500	2.503	1.904	1.962	0.434	4 707	1 761	14.637
32.3	5 000	2.340	1.874	1.980	0.266	9 343	1 596	10.281
44.8	1 000	2.449	1.934	1.984	1.755	2 274	1 006	9.185
44.8	1 000	2.496	1.935	1.988	3.265	601	1 187	3.713
50.0	2 000	2.587	1.932	1.985	0.426	1 593	436	9.255
64.2	500	2.578	1.907	1.998	1.469	2 649	1 159	11.370
64.2	500	2.542	1.862	1.923	0.705	2 571	1 087	14.809
79.3	3 000	2.573	1.921	2.006	0.296	3 212	488	10.183
79.3	500	2.588	1.848	1.984	0.402	11 134	725	42.933
79.3	4 000	2.417	1.927	1.926	0.590	11 222	2 729	30.597
83.8	1 000	2.520	1.918	1.966	0.429	7 604	1 000	22.972

（1）从图 3.5.17 可以看出，三条曲线都呈良好的线性关系，曲线尾部的阶梯是由盒维数算法本身的误差造成的。图 3.5.17 仅仅是一个样本，其他含水量的碱渣土的双对数曲线大同小异，只是曲线的斜率有所不同。因此可以说，分形在碱渣土中确实是存在的，根据计算结果，D_{Cd} 大约在 2.4 ~ 2.6 之间，D_{Id} 在 1.8 ~ 1.95 之间，D_{Pd} 大于 1.9。

（2）根据 B. B. Mandelbrot 对分形的定义"组成部分与整体以某种方式相似的形叫分形"，可以认为对于同一对象，在一定的标度范围内，计算出来的分形维数该是一致的。也就是说，对于同一含水量的碱渣土，在不同的放大倍数下，计算出来的分形维数应该是一致的。而对于其他指标，如孔隙比、颗粒面积等是无法这样分析的，因为在不同的放大倍数下，计算结果有较大的差别，这可从上表的数据看出。本文计算了三个分形维数在不同含水量下的平均值，然后与其宏观性质做了比较，结果如下：

图 3.5.18 ~ 图 3.5.23 的拟和公式如下所示：

（a）$D_{Cd} = 1.993\,82 + 1.836\,28W - 1.455\,28\,W^2$；

（b）$D_{Id} = 1.857\,4 + 0.201\,803W - 0.175\,52\,W^2$；

（c）$D_{Pd} = 1.890\,31 + 0.300\,721W - 0.254\,448W^2$；

（d）$P = 5\,015.95 - 4\,673.72\,D_{Cd} + 1\,096.27\,D_{Cd}^2$；

（e）$P = 311.972\,D_{Id} - 391.544$；

（f）$P = 1\,905.03\,D_{Pd} - 3\,550.01$；

式中：P——抗压强度；

W——含水量。

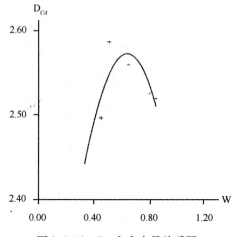

图 3.5.18　D_{Cd} 和含水量关系图

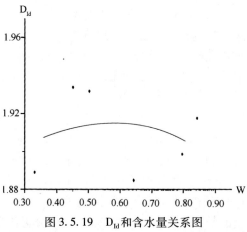

图 3.5.19　D_{Id} 和含水量关系图

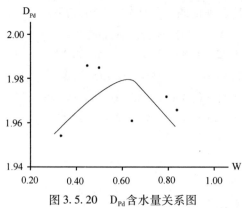

图 3.5.20　D_{Pd} 含水量关系图

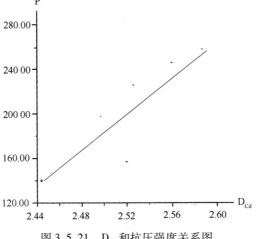

图 3.5.21　D_{Cd}和抗压强度关系图

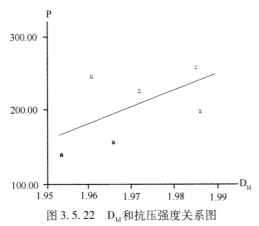

图 3.5.22　D_{Id}和抗压强度关系图

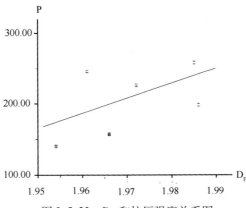

图 3.5.23　D_{Pd}和抗压强度关系图

D_{Cd}，D_{Id}，D_{Pd} 与含水量都呈二次曲线的关系，图 3.5.19 表现得尤为明显。当碱渣土的含水量小于最优含水量时，颗粒间的水化膜楔入力较小而吸附力较大，团聚体为主要的结构形式，团聚体本身有较大的结构强度，团聚体间的作用力强，很难被压缩，所以这时分形维数值较低，表示颗粒的集团化程度较高；当含水量等于最优含水量时，粒间水化膜厚度增大，作用力减弱，团聚体易于滑动，变形、但仍保持一定的强度，团聚体间的距离变小而颗粒之间的距离变大，也就是说整个体系的不均化程度提高，所以这时分维数值最大；当含水量大于最优含水量时，扩散层得到充分发展，团聚体渐渐消失，颗粒间的孔隙继续变大，整个体系又开始朝均一方向发展，分维值开始下降。上述整个过程可用图 3.5.24 表达。

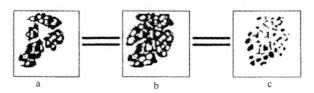

图 3.5.24 碱渣土颗粒随含水量的变化过程

从图 3.5.21、图 3.5.22、图 3.5.23 中可以看出 D_{Cd}，D_{Id}，D_{Pd} 与抗压强度之间供系是正相关的，抗压强度随分维值的增大而增大，分维值又受到含水影响，因此用碱渣土作填垫材料时，要先晾晒，使其含水量接近或达到最优含水量。

（3）对表 3.5.5 中 D_{Cd}，D_{Id}，D_{Pd} 三列纵向数据做了方差分析，结果如下：

表 3.5.6 D_{Cd}，D_{Id}，D_{Pd}的平均值和标准差

	空间分维（D_{Cd}）	信息分维（D_{Id}）	平面分维（D_{Pd}）
平均值	2.506	1.903	1.968
标准差	0.026	0.017	1.014

D_{Cd}的标准差最大，D_{Pd}的标准差最小，这表明空间维数 D_{Cd}中包含的微结构信息最多。这是因为在计算 D_{Id} 和 D_{Pd} 时，图像要经过较多的处理，尤其在计算 D_{Pd}时，需要对图像进行二值化，许多细节都被忽略了。

3.5.6 小结

在土体微结构的量化研究中，分形维数在数据分析中较其他指标有更大

88

的优越性。分形维数在一定程度上反映了碱渣土的微结构与其含水量和抗压强度的关系，在最优含水量处，维数值最大，抗压强度也最大，所以在使用碱渣土时要注意控制其含水量，使其接近或达到最优。在三个分维指标中，空间维数值的变化较大，它包含的微结构信息最多。

3.6 碱渣制工程土微观结构分析与强度形成机理结论

综合以上研究内容及成果，可以得出以下结论：

（1）本课题首先研究了工业废料碱渣的化学成分以及物理力学性质，通过试验确定了碱渣的化学成分，重度，含水量，渗透性及力学性质指标。界定了碱渣固形物的宏观性质。

（2）通过物理化学中的电泳试验、聚沉试验和触变试验，对碱渣废液的聚沉性质、电动性质、流变性质、机触变性质等胶体化学性质进行了研究，并界定了其数量的大小，有助于理解碱渣的微观和宏观性质。

（3）通过差热分析、x–射线衍射、能谱分析和扫描电境等多种分析手段对碱渣的微观结构进行了比较全面、系统的研究，基本搞清了碱渣的微观结构。多孔的团聚体结构是碱渣颗粒的主要形态，它对碱渣的含水量、渗透性、压缩性等宏观性质有重要影响。

（4）分析了碱渣的生成环境。碱渣废液的主要成分是碳酸钙，属强电解质，具有胶体性质。碱渣在生成过程中发生絮凝，形成团聚体结构，其主要矿物成分是文石，并含有少量方解石，Mg^{2+}对文石的生成起了决定性的作用。渣浆沉淀——清液排出这样一个碱渣生成模式影响着体系内的溶解——结晶平衡，从而对碱渣团聚体的多孔特征有显著影响。

（5）结合胶体化学的双电层理论研究了孔隙水与碱渣矿物颗粒的相互作用，得出如下认识：

①碱渣为颗粒间面一边接触的絮状结构。由于强电解质的作用，碱渣颗粒于水的相互作用非常强烈，碱渣在絮凝过程中颗粒接触后即形成稳定结构，在重力作用下不会产生塌陷，由此能保持较大的孔隙，从而也就有较大的含水量。

②根据胶体化学的理论，矿物颗粒之间的吸引力是由一颗粒的所有原与另一颗粒的所有原子之间一般的 Van der Waals 引力引起的。颗粒之间的总吸引力，就是指所有原子对之间的相互作用力的总和。这种力的大小取决于颗粒的大小和形状。引力的大小一般不受电解质浓度的支配，但当电解质浓度

增大时，碱渣颗粒之间的电荷引起的斥力减小，不再抵消 Van der Waals 引力，使得颗粒之间的结合力增大。

③碱渣颗粒之间的吸引力使得当碱渣受力时，矿物颗粒在产生相对位移时除了受到颗粒间的摩擦力外，还受到颗粒之间吸引力的阻抗，在宏观上表现为摩阻力和黏结力的增大。

（6）根据对碱渣微观结构和强度形成机理的认识，在将碱渣作为工程土应用时，必须注意以下事项：

①由于碱渣颗粒之间的连接比较紧密，所以能够形成较强的骨架，在为荷作用下的变形较小。因此，像真空预压一类的软基加固方法由于固结压力较小（<100 kPa），使碱渣土地基产生所得变形较小，加固后的碱渣地基仍有较大含水量。因此在工程实践中宜采用晾晒的方法来减少碱渣的含水量，在最优含水量下进行压实，才能满足承载力和变形的要求。

②与一般的黏性土相比，由于碱渣中 ζ – 电位很低，扩散层很薄，处于约束状态的弱结合水较少，因此可以移动的自由水较多，孔隙水能够在重力位势或压力水头下自由移动，因此宏观上进行得知渗透性较大。也正因为碱渣的渗透性较黏土大，较易排水，因此在快剪条件下其强度指标高于黏土。

③由上面的分析可知，碱渣的强度与抵抗变形的能力主要得益于颗粒与水的相互作用。如果碱渣完全风干，则形成十分松散的粉状物，强度极低。因此，碱渣土在应用时必须保持一定的含水量，才能有效地发挥其强度。

（7）实际工程中常将碱渣与增钙灰（或粉煤灰）拌和成工程土来进行填垫。增钙灰可以在以下几方面来提高碱渣的强度：

①氧化钙吸水，降低了碱渣的含水量；

②使得碱渣孔隙水中的离子发生交换反应，产生沉淀，增加了固形物，同时结晶物在颗粒之间起到了胶结作用，提高了碱渣的强度；

③增钙灰的颗粒填充在碱渣的孔隙中，增加了碱渣的密实度，从而增加了碱渣的强度。

（8）对比研究了黏性土的微观结构，得出：

①碱渣与黏性土的物理指标完全不同，其原因是两者的矿物成分不同，孔隙水的电解质的浓度不同。与黏性土相比，碱渣骨架在形成过程中，颗粒与电解质作用强烈，形成的骨架间的间隙较大，因此其孔隙比较大，含水量较大，渗透性较大，压缩性较大，重度较小。

②尽管两者的物理性质有很大区别，但两者的强度特性却很相似，而且由于碱渣颗粒与孔隙水作用强烈和易于排水，碱渣加固前后的不排水强度甚至高于黏性土。因此，如果作为一般的低洼地填垫或作为码头的后方堆场，

其承载力能够达到工程要求。

③碱渣土与一般黏性土一样，都具有可压实性，即在恰当的（最优含水量）下可进行压密，达到较高的干重度和力学指标。

（9）探索了用分形几何等现代数学手段和计算机图像处理技术定量化的研究岩土类材料，特别是碱渣和黏性土微观结构的可能性，加深了对其宏观性质的理解。

4 碱渣土的工程利用研究

碱渣与不同材料（如军粮城电厂粉煤灰、碱厂增钙灰以及水泥等）拌和，均可制成碱渣土。实际上，碱渣自身经晾晒和碾压后，也具有较好的工程土性质（如抗剪强度、压缩性、渗透性等）。

未经处理的碱渣具有含水量高，孔隙比大，压缩性大的特点，不能直接用于工程建设，如大面积回填、筑堤等，必须进行处理。碱渣颗粒多为粉粒，透水性较好，载荷作用下固结较快，易于实施处理。

4.1 经碳化压滤的碱渣土特性

我们对碱渣进行了碳化、洗涤、压滤处理，目的是通过碳化，使碱渣体积减小 1/3，这样可延长碱渣堆场使用周期，同时，碱渣通过洗涤，含盐量降到 1% 以下，碱渣可作为建材原料，扩大了碱渣综合利用范围，碱渣处理后含水量降低，强度增大，也可作为回填土使用。

为了检验经碳化压滤后的碱渣是否具有工程土的性质，进行了一系列土的试验，主要为室内试验和载荷试验，现将试验成果整理、分析如下：

第一部分室内试验，内容包括以下几个方面：

（1）由于压滤后碱渣块体将是作为工程土应用时的基本"颗粒"，而该"颗粒"又远不如土颗粒坚硬，所以对大量碱渣块体进行了无侧限抗压强度试验以确定其"颗粒"强度。

（2）抗剪强度试验：以测定碳化后的碱渣作为工程土应用时的抗剪强度。

（3）压缩试验：以测定其变形性质。

（4）作为一种新材料，还须检验其是否具有其他特殊的不利的工程性质。为此对其与水相互作用时是否具有膨胀性、湿陷性进行了检验。

（5）报告还列出了碳化碱渣对绿化的影响。

第二部分 载荷试验部分，内容包括：

（1）碳化压滤碱渣的载荷试验；

（2）试验结果分析。

4.1.1　室内试验

4.1.1.1　抗压强度试验

目的：通过该项试验，主要了解经过碳化压滤后碱渣的抗压强度及其随含水量的变化规律，同时对该碱渣经人工破碎后再成形的试件，以同样的测试手段测定其抗压强度的变化。

1）试验方法与内容

（1）将压滤后的碱渣块，制备成同一体积的若干个试件，试件的干密实度是统一的，而试件的含水量有所不同，本次试验共配制了三种含水量，分成三组，每组二个试件，进行抗压强度的平行试验，试样配制的物理性质见表4.1.1。

（2）将压滤后的碱渣块人工破碎成小颗粒状（少量粉末），用击实方法制成体积相同，干密实度相同，但含水量不同的三组试件进行抗压强度试验，其物理性质见表4.1.2。

表 4.1.1　碳化压滤后碱渣的物理性质（块状）

状态序号		ω（%）	r（g/cm³）	γ_d（g/cm³）	e_0	S（%）	备注
天然	1	69.8	1.321	0.777	1.956	82.1	压滤后的块状
	2	69.8	1.321	0.777	1.956	82.1	
饱和	3	79.6	1.386	0.77	1.980	92.4	
	4	79.4	1.386	0.77	1.980	92.4	
风干	5	19.0	0.90	0.75	2.04	21.0	
	6	18.0	0.92	0.78	1.950	21.2	

表 4.1.2　碳化压滤后碱渣的物理性质（破碎后的碱渣）

状态序号		ω（%）	r（g/cm³）	γ_d（g/cm³）	e_0	S（%）	备注
天然	1	81.7	1.328	0.731	2.150	87	压滤后的块状
	2	82.8	1.320	0.722	2.185	87	
饱和	3	90.1	1.385	0.738	2.15	96	
	4	89.4	1.385	0.738	2.15	96	
风干	5	13.6	0.85	0.74	2.08	15	
	6	14.4	0.85	0.74	2.08	15	

2）试验结果与分析

（1）块状碱渣在不同含水量的条件下，其抗压强度有所不同，试验结果表明，天然状态下的强度大于风干后的强度大于饱和后的强度，见表4.1.3。如果以天然状态下的含水量，抗压强度为100%，从表4.1.4不难看出含水量的增加与减少，直接影响抗压强度的大小，见图4.1.1，同时从图4.1.3可以看出当含水量小的时候其破坏形式属脆性破坏，在变形较小的时候试件已破坏。当含水量处于饱和状态时其破坏形式属塑性破坏，轴向应变变化较大，而相应的轴向应力增加的缓慢。

表4.1.3　碱渣的无侧限抗压强度

状态序号		q_u（kg/cm^2）块状	状态序号		q_u（kg/cm^2）破碎
天然	1	6.14	天然	1	1.067
	2	6.16		2	1.098
饱和	3	2.22	饱和	3	0.477
	4	3.55		4	0.64
风干	5	4.74	风干	5	0.458
	6	4.82		6	0.39

（2）经人工粉碎后，用击实方法制备成的试件所进行的抗压强度试验结果：天然（破碎后）强度大于饱和后的强度大于晒后强度。见表4.1.3与图4.1.2。此结果不同于块状试验结果的排列顺序，原因是风干后的含水量有所不同，相差约5%左右。其破坏形式与块状破坏形式相似，见图4.1.4。

表4.1.4　含水量与抗压强度关系

状态		块状				状态		破碎			
		ω（%）	q_u（kg/cm^2）	qu/quo *				ω（%）	q_u（kg/cm^2）	qu/quo *	
天然	1	69.8	6.14	100%	100%	天然	1	81.7	1.067	100%	100%
	2	69.8	6.14				2	82.8	1.098		
饱和	3	79.6	2.22	14%	64%	饱和	3	90.1	0.48	9.4%	55%
	4	79.4	3.55	13.7%	42%		4	89.4	0.64	8.6%	41%
风干后	5	19	4.74	72%	23%	风干后	5	13.6	0.46	83%	57.5%
	6	18	4.82	74%	21%		6	14.4	0.39	83%	63.9%

注：以天然含水量对应强度为100%。

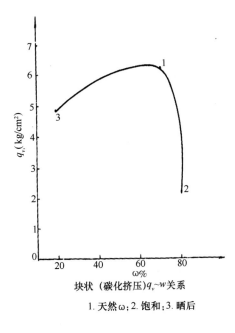

图 4.1.1

块状（碳化挤压）$q_v \sim w$ 关系
1.天然 ω；2.饱和；3.晒后

破碎后的 $q_v \sim w$ 关系
1.天然（ω）；2.饱和；3.晒后

图 4.1.2

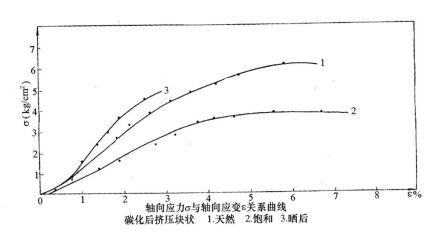

轴向应力 σ 与轴向应变 ε 关系曲线
碳化后挤压块状 1.天然 2.饱和 3.晒后

图 4.1.3

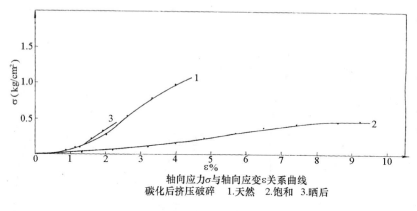

轴向应力σ与轴向应变ε关系曲线
碳化后挤压破碎   1.天然   2.饱和   3.晒后

图 4.1.4

（3）通过上述试验结果说明以下两点：一是经过碳化压滤后的碱渣，无论是块状或经人工破碎后，都具有一定抗压强度；二是要达到较为理想的抗压强度，就要控制在一定的含水量范围内。

（4）表 4.1.4 仅说明含水量是影响抗压强度的主要因素，对块状与破碎后的强度不具有对比的关系，因为二者密实度有所差别。

本次试验，仅限于几种特殊含水量情况下的抗压强度，而作为一种工程土，需要将含水量的应用范围更广些，为工程的需要提供更为理想的数据。

4.1.1.2 碱渣压缩试验结果分析

为分析碱渣的压缩特性，对碳化压滤后的碱渣进行了压缩试验，试样分别采用压滤后的块体及压滤后经过粉碎重新击实成型的试样。试样的物理性质指标见表 4.1.5。

表 4.1.5   试样物理性质指标

试样编号	容重（g/cm³）	干容重（g/cm³）	含水量 ω（%）	孔隙比 e	比重 G
1	1.169	0.763	53.2	2.014	2.30
2	1.490	0.854	74.4	1.692	2.30
3	1.510	0.866	74.4	1.656	2.30
4	1.493	0.846	76.4	1.717	2.30
5	1.500	0.843	77.9	1.728	2.30
6	1.455	0.729	86.6	1.953	2.30

试验中，采用 50，100，200，300 kPa，四级荷载，以确定试样的压缩曲

线及压缩系数 a，表 4.1.6 为压缩测定的试样的压缩系数值。

表 4.1.6 试样的压缩系数值

试样编号	1	2	3	4	5	6
压缩系数 a（1/kPa）	0.015×10^{-2}	0.010×10^{-2}	0.012×10^{-2}	0.022×10^{-2}	0.34×10^{-2}	0.034×10^{-2}
线变形模量 E（kPa）	19 900	26 800	21 900	12 100	8 100	8 500

由压缩试验结果可看出：

（1）碳化后的碱渣属于中压缩性。

（2）碳化压滤后的块体的压缩系数 a 较小为（0.010～0.012）×10^{-2}/kPa，经破碎重新击实成型的试样压缩系数 a 有所增大，为（0.015～0.034）×10^{-2}/kPa。

（3）含水量的变化对碱渣的压缩性有一定影响，压缩曲线见图 4.1.5。

4.1.1.3 碱渣的膨胀性及湿陷性检验

为检验碱渣是否具有膨胀性及湿陷性等特殊性质，进行了膨胀及湿陷试验，通过试验发现压滤后的试样在浸水后，体积没有发生膨胀，试样的重量亦没有发生明显的变化，说明试样没有吸水，当试样在一定的压力 P 作用下变形达到稳定时，再向试样内注水，试样没有产生新的变形，据此我们认为：

当碱渣达到一定的含水量，一定的密实度后，不具有膨胀性，亦不具有湿陷性。

4.1.1.4 抗剪强度试验

抗剪强度是在直剪仪中进行的，采用直剪快剪的试验方法。这是因为碱渣具有较大的渗透性决定的。

因直剪仪尺度的限制，先将碳化后的板块粉碎成 1～2 cm 直径的小块，放入直剪仪中，为控制容重，用击实锤将一定重量的渣块击入限定的体积内，然后做剪切。

试验分为天然含水量、充水饱和以及干燥状态三种，分别对应于差别较大的三种含水量。试验结果如下：

（1）对应于天然含水量，其抗剪强度随密实度增加而增加，且主要是摩擦角的增长，黏结力的变化相对较小，如表 4.1.7 所示。

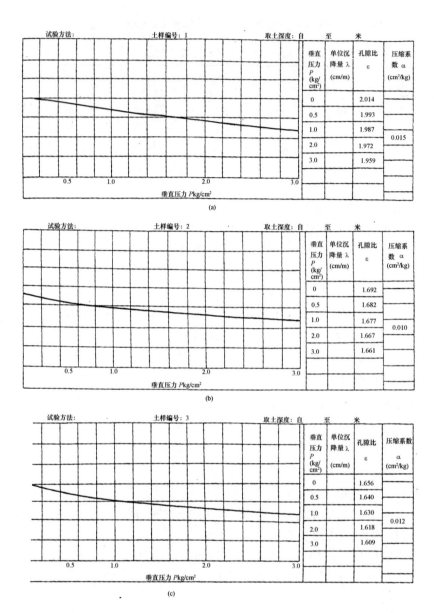

图 4.1.5　压缩曲线

98

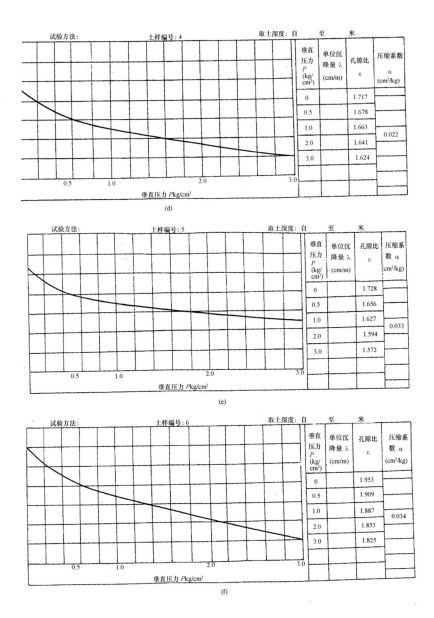

图 4.1.5　压缩曲线

表 4.1.7 天然含水量下的抗剪强度

容重（kN/m³）	13	14	15
内摩擦角（°）	18.9	22.4	26.6
黏结力（kPa）	55	55	45

（2）对于较密实的状态，试样在充水饱和后强度的降低较小，而对于密实度较小的土，土经饱和（浸水）后强度下降较多，如表4.1.8所示：

表 4.1.8 浸水饱和后的抗剪强度

容重（kN/m³）	13	14	15
内摩擦角（°）	15.8	19.3	25
黏结力（kPa）	35	35	30

从表中可以看到内摩擦角与黏结力在浸水后都有不同程度的降低。

（3）经晾晒风干后，试样中含水量急剧降低，处于干燥状态，容重较低。试验结果见表4.1.9。

表 4.1.9 干燥状态的抗剪强度

容重（kN/m³）	0.7	0.8	0.85
内摩擦角（°）	25.2	30.3	34.0
黏结力（kPa）	0	0	0

抗剪强度曲线见图4.1.6。

4.1.1.5 碳化并压滤后碱渣的击实试验

采用重型击实法（每层27击），对碱厂提供的渣样进行了击实试验，结果表明，当含水量在70%～80%范围内时，碱渣可获得较好的密实度，其最优含水量为78%，最大干重度为8.67 kN/m³。

4.1.1.6 降低可溶盐含量试验

碱渣对绿化的影响主要原因是其含盐量高，若能采取适当措施降低可溶盐含量，则可减小其对绿化的影响。

为此进行了淋洗试验和空气碳化试验。淋洗试验模拟自然降雨，试验结果见表4.1.10

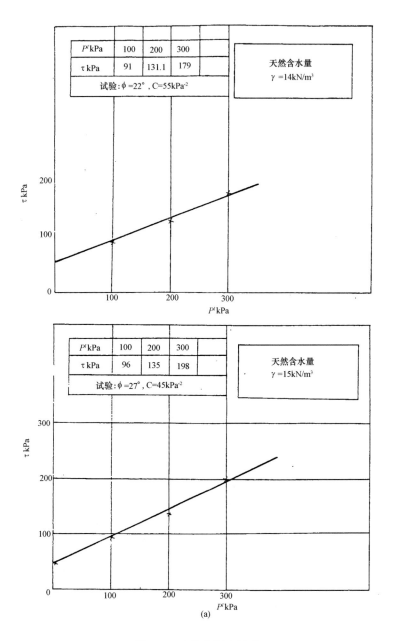

P^l kPa	100	200	300	
τ kPa	91	131.1	179	
试验: ϕ =22°, C=55kPa^{-2}				

天然含水量
γ =14kN/m^3

P^l kPa	100	200	300	
τ kPa	96	135	198	
试验: ϕ =27°, C=45kPa^{-2}				

天然含水量
γ =15kN/m^3

(a)

图 4.1.6 抗剪强度试验

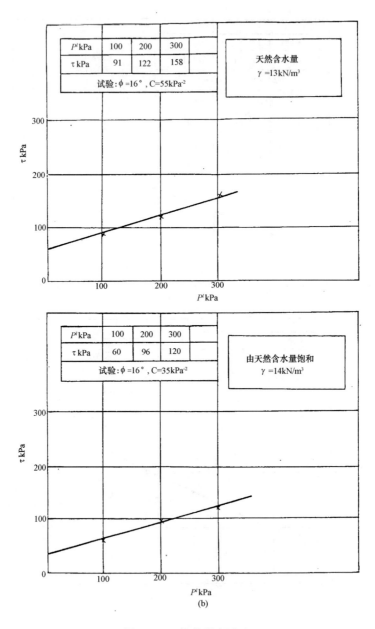

P' kPa	100	200	300	
τ kPa	91	122	158	
试验: $\phi=16°$, C=55kPa^{-2}				

天然含水量
$\gamma=13$kN/m^3

P' kPa	100	200	300	
τ kPa	60	96	120	
试验: $\phi=16°$, C=35kPa^{-2}				

由天然含水量饱和
$\gamma=14$kN/m^3

(b)

图4.1.6 抗剪强度试验

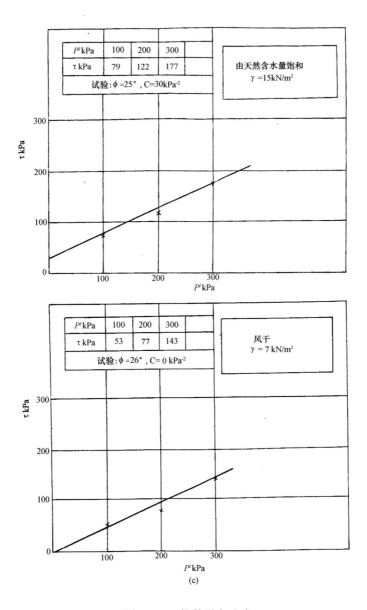

P^i kPa	100	200	300
τ kPa	79	122	177

试验:$\phi=25°$,C=30kPa^{-2}

由天然含水量饱和
$\gamma=15kN/m^3$

P^i kPa	100	200	300
τ kPa	53	77	143

试验:$\phi=26°$,C=0 kPa^{-2}

风干
$\gamma=7 kN/m^3$

(c)

图4.1.6 抗剪强度试验

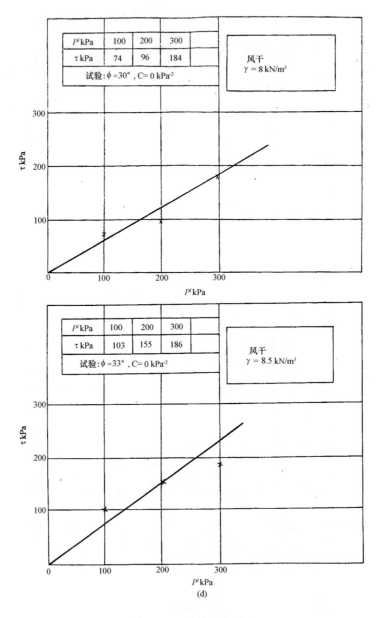

P^l kPa	100	200	300	
τ kPa	74	96	184	

试验:$\phi = 30°$, C= 0 kPa^{-2}

风干
$\gamma = 8$ kN/m^3

P^l kPa	100	200	300	
τ kPa	103	155	186	

试验:$\phi = 33°$, C= 0 kPa^{-2}

风干
$\gamma = 8.5$ kN/m^3

(d)

图 4.1.6 抗剪强度试验

104

表 4.1.10　碱渣淋洗效果比较表

淋洗次数	CO_3^{2-}	OH^-	CL^-	SO_4^{2-}	Ca^{2+}	Mg^{2+}	Na^+K^+	全盐
0	171.6	455.3	96 176.6	6 540.0	220.0	19 751.8	28 703.8	162.9
1	171.6	459.7	16 807.9	1 632.0	315.0	4 267.0	4 019.5	33.7
2	187.2	406.6	431.9	72.0	220.0	271.5	243.1	2.7
3	249.6	565.8	345.5	756.0	370.0	292.8	565.3	2.8
4	249.6	534.8	310.9	24.0	350.0	268.4	219.4	2.1
5	249.6	574.6	249.1	180.0	400.0	225.7	164.9	2.8

注：表中离子含量单位 mg/L，全盐含量为 g/L。

由表中结果可见，淋洗效果非常明显，第二次淋洗后全盐含量由 162.9 g/L 降至 2.7 g/L，从表中还可看出 CO_3^{2-}，OH^- 随淋洗次数而升高，应是碱渣中 $CaCO_3$，在淋洗过程中部分溶解于水造成的，其反应式如下：

$$CaCO_3 + H_2O \longrightarrow CaHCO_3^+ + OH^-$$
$$CaHCO_3 + H_2O \longrightarrow Ca^{2+} + CO_3^{2-} + 2OH^-$$

这与微观分析中 $CaCO_3$ 主要以不稳定的矿物文石形态存在的结论是一致的，为使 $CaCO_3$ 更稳定，减小其溶出量，可通过通气气碳化来实现，表 4.1.11 中给出了通气 24 小时后的检测结果。

表 4.1.11　碳化效果检验表

离子	OH^-	CO_3^{2-}	Cl^-	Ca^{2+}	Mg^{2-}	K^+，Na^+	SO^+	全盐
碳化前	574.6	249.6	259.1	400	225.7	164.9	180.0	2.78
碳化后	274.0	187.2	209.9	60.0	228.7	150.0	未检出	1.26

注：表中离子含量单位 mg/L，全盐含量为 g/L。

可见碳化效果良好，但以上试验都是在室内进行的，大面积应用时效果如何尚需通过中等规模试验研究。预计大面积应用时，主要是碳化作用缓慢，不易实现，因此建议碱渣排放前，利用碱厂石灰窑的 CO_2 废气先行碳化，增加其稳定性后排放。

4.1.1.7　结论

（1）碳化压滤后碱渣具有中等压缩性。

（2）压滤后块体自身强度在饱和时具有最低破碎度值，但也大于 30 t/m^2 超过一般的荷载值。即是说在一般使用荷载下不易破碎。

（3）作为工程土应用时，在天然含水量下，其强度随密实度增加而增加，但饱和后强度下降。特别是密实度较小时强度下降较多。

（4）击实试验表明，压滤后的碱渣接近最优含水量。

（5）碳化后的碱渣在较密实的状态下没有膨胀性和湿陷性。

（6）碳化、淋洗后的碱渣，可降低可溶盐含水量减少其对绿化的影响。

4.1.2　载荷试验

4.1.2.1　试验目的

为了检验碳化后碱渣的工程土特性，估计由碱渣形成的地基的承载能力，并与理论计算结果相比较，我们进行了载荷试验研究。

4.1.2.2　试验设备及仪器

试验设备包括加荷砝码 20 块，每块 100 kg；水准仪；天平；基准槽钢两根；环刀；直剪仪；烘箱；荷载板，尺寸为（300×300）mm，重约 35 kg。

量测仪器：百公表，量程为 30 mm；计时表。

4.1.2.3　土样制备及描述

由天津碱厂提供的经碳化和挤压后的碱渣，其含水量为 92.17%。将其放入（1 600×1 600×800）mm 的试验槽中分层击实，控制其容重在 14.4 kN/m^2 左右，直至土槽填满。

4.1.2.4　试验过程

（1）将击实后的碱渣表面清理平整，放上荷载板，用水准仪反复校正调平。放置基准槽钢，安装表座，将百分表调零。（见照片 4.1.1）。

（2）分级加荷，每级 100 kg，每隔 40 min 加一级。这是因为碱渣的排水固结速度较快，40 min 后变形已比较稳定。加荷速率为 11 kPa/min。

4.1.2.5　试验结果分析

（1）图 4.1.7 是试验结果的 P – S 曲线，从中可以观察到：

①在加荷初始段（OA 段），由于安放荷载板时的扰动，产生了较大的变形。（$\frac{\Delta p}{\Delta s} = 15 kg/mm$）此时在板周明显看到有水排出。

②在正常加荷段（AB_1 段），试验点呈很好的线性关系。

$$\left(\frac{\Delta p}{\Delta s} = 28.80 kg/mm \right)$$

照片 4.1.1　荷载板放置及仪表位置

　　③在加荷至 835kg 后，固结了 14 h，此时产生了 24 mm 的固结变形（见 $B_1 - B_2$ 段）。

　　④然后继续加荷时，在初始的三级荷载下（第 9 级至第 11 级荷载，图中的 B_2C 段），由于固结作用土体表现出更小的压缩性（$\frac{\Delta p}{\Delta s} = 125 kg/mm$）。其后，在 CD_1 段，P－S 曲线趋于正常，但仍较 AB_1 段有较小的压缩性（$\frac{\Delta p}{\Delta s} = 62.9 kg/mm$）。

　　⑤此后固结 2 h（D_1D_2 段），产生了 14 mm 的固结沉降。

　　⑥待沉降较稳后开始卸荷至 0（D_2E 段），此时的回弹量很小，为 5.7 mm。

　　⑦再加荷后（EF 段）的沉降量小于回弹曲线 D_2E 所相应荷载的沉降量。

　　⑧再卸荷（FG 段）仍产生了近 1.0 mm 的残余变形。

　　（2）试验后，荷载板下的碱渣被压缩得非常坚硬，含水量降为 81.30%，其直剪快剪（不排水）强度达到 & =26.6°，$c = 35$ kPa 而试验前渣的同类强度为 & =21.8°，$c = 15$ kPa；而且在荷载板周围附近的碱渣也明显变硬，含水量由试验前的 $\omega = 92.17\%$ 而达到试验后的 $\omega = 89.04\%$；容重由试验前的 14.5 kN/m³ 变为 15.0 kN/m³。（图 4.1.8）

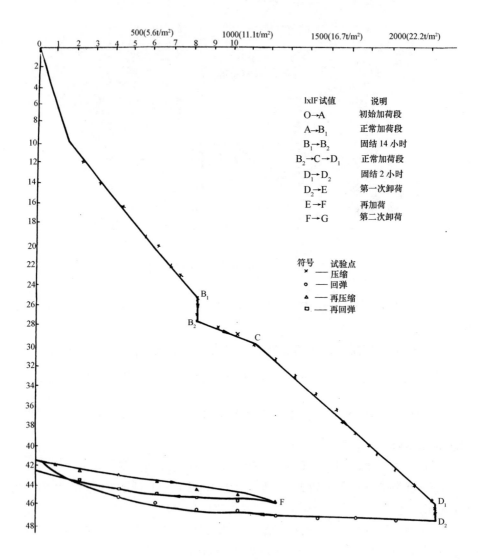

图 4.1.7 荷载试验

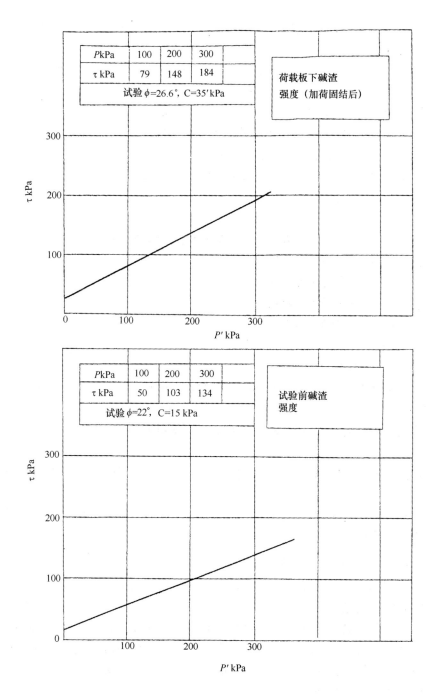

PkPa	100	200	300	
τ kPa	79	148	184	

试验 ϕ=26.6°, C=35′kPa

荷载板下碱渣
强度（加荷固结后）

PkPa	100	200	300	
τ kPa	50	103	134	

试验 ϕ=22°, C=15 kPa

试验前碱渣
强度

图 4.1.8　载荷试验前后碱渣抗剪强度

①为了观察其固结效应，在加荷至第 8 级后，固结 14 h，然后再正常加荷。

②在加荷至第 20 级后，卸荷至零，每 15 min 卸 1 级，每级 200 kg。然后固结两个小时。

③再加荷至 1 200 kg，每级 200 kg，每 10 min 1 级。

④再卸荷至零，每级 200 kg，每 10 min 1 级。

⑤取荷载板下及周围碱渣的含水量。

⑥用环刀取荷载板下及周围渣的试样做不排水直剪试验。

（3）用汉森公式估算地基的极限承载力

汉森公式为：

$$P_n = \gamma B N_r S_r i_r + c N_c S_c d_c i_c + q N_q S_q d_q i_q \qquad (4-1)$$

式中：N_r，N_c，N_q——承载力系数；

S_r，S_c，S_q——基础形状系数；

i_r，i_c，i_q——荷载倾斜系数；

d_q，d_c——基础埋深系数；

γ——容重；

B——基础宽度。

取 $\gamma = 14.5 \mathrm{kN/m^3}$、$B = 0.3 \mathrm{m}$、$S_r = 0.6$、$S_c = 1.2$、$q = 0$、$d_c = 1$、$i_r = r_c = 1$。

若按试验前的土体强度 $\& = 21.8°$，$c = 15$ kPa，代入式（4-1）可算得 $P_u = 30.3$ kPa。

若按试验后的载荷板下的土体强度，由 P_u 的极限荷载将达到 80 kPa 以上。

而本次试验所加的荷载最大为 22.2 kPa，远没有达到极限荷载，因此压缩曲线都呈直线段。

4.1.2.6 结论

（1）碱渣的排水固结速度较快，即使在较快的荷载速率下变形也能在较短的时间内达到稳定。

（2）在较快速加荷速率下（11 kPa/min），碱渣的极限承载力在 30 kPa 以上，允许承载力在 15 kPa 以上。在慢速加荷下，（上级荷载下充分稳定后再加下一级荷载，如试验规程所需要求的那样），其极限荷载在 80 kPa 以上。

（3）碱渣比较容重被压密。

（4）碱渣的碾压和击实时应处理至最优含水量。本次试验所用碱渣含水量超过最优含水量，在击实过程中出现橡皮现象。

（5）碱渣的灵敏度较高，扰动后强度降低。

4.2 软基加固

4.2.1 概述

有着 70 多年历史的天津碱厂，正面临着生产过程中排放的大量废渣废液无地可放的困难境地。为此天津市交委会同市经委于 1995 年 7 月 21 日召开了《关于天津碱厂渣场建设》的会议，确定了在天津港务局新规划的区域风建设新渣场的原则及平面布局，并决定抓紧进行碱渣土软基加固的现场试验，确定碱渣能否作为堆场地基土。几经讨论后确定在天津碱厂 1989 年停用的 6 号汪子渣场地上进行试验。平面位置如图 4.2.1 所示。

试验于 1995 年 11 月开始，1996 年 8 月结束，历时 10 个月。

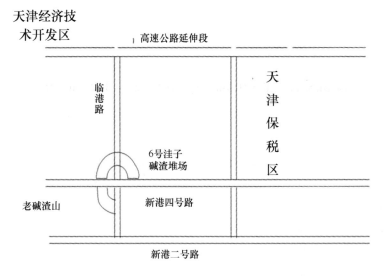

图 4.2.1　6 号汪子平面位置示意图

试验结果表明，真空预压加固后的碱渣土地基承载力达到 118 kPa，超过试验技术要求（80kPa），满足一般工程地基承载力要求。又通过碱渣室内试验结果分析论证得出，碱渣可作为一般工程地基土加以利用，如一般道路、堆场地基等。因此可说，天津碱厂碱渣吹填到北疆码头后方加固后作为堆场地基，既可以解决天津碱厂碱渣排放问题，又可变废为宝。

4.2.2 碱渣的室内试验分析

4.2.2.1 碱渣的真空预压加固模型试验

1) 模型试验简介

室内试验采用的模型槽为直径 $d = 1.0$ m，高 $h = 1.25$ m 的圆筒，分层装入 100 cm 高的碱渣，中间插入塑料排水板作为排水通道，利用室内小型抽真空装置抽气。在加固体与抽真空装置中间设一集水箱，观测出水量。试验模型如图 4.2.2 所示。

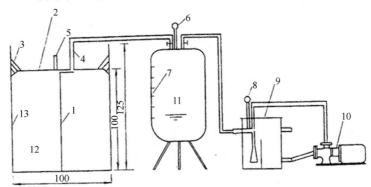

1 塑料排水板；2 塑料膜；3 黏土；4 抽气管；5 仪器出膜装置；6 集水箱真空表；7 水位刻度；8 射流箱真空表；9 射流箱；10 射流膜；11 集水箱；12 碱渣13 圆桶

图 4.2.2　真空预压试验模型图

2) 试验结果

（1）固结沉降。

荷载、固结沉降—时间过程线如图 4.2.3 所示。

从图 4.2.3 中可知，试抽气时，荷载较小（12kPa）碱渣表层沉降较小，仅 61.3 mm；正式抽气，荷载迅速增加，沉降也很快增大，10 天后逐渐趋于稳定，最大沉降值 242.6 mm。卸载后，碱渣回弹，表层回弹量仅 2.5 mm，浸水后未发生变化。根据实测的沉降—时间过程线，推出加固体的最终沉降量为 243.24 mm，土层的平均固结度 $U_1 = S_1/S_\infty = 99.5\%$

根据巴伦径向固结度计算公式及 31 天实测土层平均固结度 U：（99.5%），反算碱渣的固结系数 $C = 4.8 \times 10^{-3}$ cm²/s，与土工试验所得的固

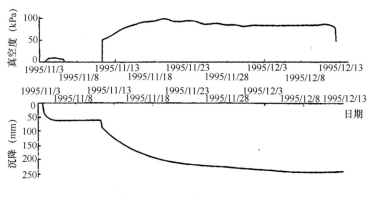

图4.2.3 荷载固结-时间过程线

结系数 $4.6 \times 10^{-3} \ cm^2/s$ 基本吻合。

（2）出水量。

正式抽气后的出水量—时间过程如图4.2.4所示。

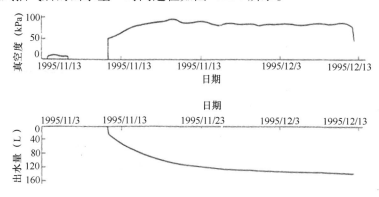

图4.2.4 出水量-时间过程线

比较图4.2.3、图4.2.4可知，正式抽气过程中的出水量—时间过程线与沉降—时间过程线很相似。荷载施加后，出水量迅速增加，5天后的出水量为83.6 L，占总出水量（134.4 L）的62.4%。根据出水量-时间过程线推出正式抽气后的最终出水量为135.7 L，计算所得土层平均固结度为98.8%，与采用沉降—时间过程线计算的固结度基本相同。

（3）加固前后的物理力学指标。

加固前后的主要物理力学指标及其变化如表4.2.1所示。

表 4.2.1　真空预压试验前后碱渣物理力学指标

内容	含水量	容重 kN/m³	比重	孔隙比	液限 （%）	塑性 （%）	固结系数 （cm²/s）	Cu （kPa）	团结结果	
加固前	175.6	12.6	2.45	5.22	92	69	0.004 6	7.7	11.9	19.3
加固后	138.1	13.3	2.44	4.1	94.4	71		30.5	19.1	20.8
改善幅度 （%）	−21.4	5.6		−21.5				296		

从表4.2.1可知：加固后碱渣的含水量、孔隙比有一定幅度的碱少，容重有所增加，强度值有较大幅度的提高，如三轴不排水剪从7.7 kPa提高到30.5 kPa，增加296%。

（4）加固前后十字板强度。

加固前后的十字板强度试验结果及其变化如图4.2.5所示。

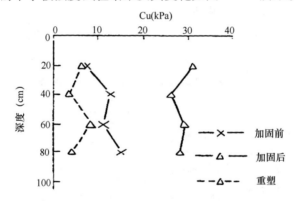

图4.2.5　真空预压加固前后十字板强度

从图4.2.5中可以看出，十字板强度自上而下基本接近，加固前后的强度平均值分别为11.5 kPa、28.6 kPa，加固后的强度增加为17.1 kPa，增幅148.7%，该增加值与理论强度增加值比较接近；碱渣扰动后强度值迅速降低，加固后的重塑强度平均值仅5.6 kPa，灵敏度范围3.5～7.3，平均值为5.1，参考黏土的灵敏度分级，该碱渣为灵敏土。

4.1.2.2　碱渣的压载加固模型试验

1）模型试验简介

压载试验采用的圆筒、碱渣高度、排水通道与真空预压试验相同。不同

114

的是，碱渣上置一层 10 cm 厚的砂垫层作为横向排水层，砂垫层上放一厚为 10 mm 的圆钢板，油压千斤顶通过反力架，反向施加荷载，模型如图 4.2.6 所示，压载试验的荷载设计为 80 kPa，分四级施加，荷载分别为 10 kPa、50 kPa、80 kPa，荷载与时间如图 4.2.7 所示。

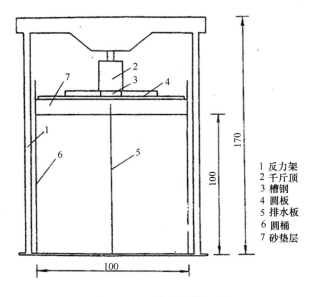

1 反力架
2 千斤顶
3 槽钢
4 圆板
5 排水板
6 圆桶
7 砂垫层

图 4.2.6　压载试验模型图

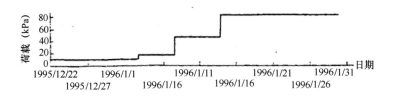

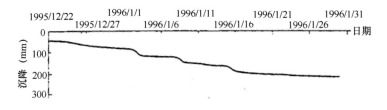

图 4.2.7　荷载、固结沉降—时间过程线

115

2）试验结果

（1）固结沉降。

荷载、固结沉降—时间过程线如图4.2.7所示。

从图中可知，施加第一级荷载后，加固体产生瞬时沉降，约42 mm，然后沉降随时间逐渐增加，施加第二、三级荷载，沉降迅速增加，一两天后逐渐减少，压载结束时固结沉降为214.76 mm。根据实测的沉降—时间曲线，推出加固体的最终沉降量为：$S = 226.70$ mm，土层的平均固结度 $U_t = S_t / S\infty = 94.7\%$。

（2）加固前后的物理力学指标。

加固前后的主要物理力学指标及其变化如表4.2.2所示。

项目内容	含水量 （%）	容重 kN/m³	比重	孔隙比	液限 （%）	塑性 （%）	固结系数 （cm²/s）	Cu （kPa）	固结快剪 C（kPa）	
加固前	170.4	12.7	2.45	5.054	102.2	74.3		14.7	3.1	19.8
加固后	135.3	13.2	2.43	3.95	105.6	75.1	0.006 1	23	12.6	21.6
改善幅度 （%）	−20.6	3.9		−21.8				56.5		

从表4.2.2可知：加固后碱渣的含水量、孔隙比有一定幅度的减少，容重有所提高，强度值有较大幅度的提高，加固效果与真空预压相似。

（3）回固前后十字板强度。

加固前后的十字板强度试验结果及其变化如图4.2.8所示。

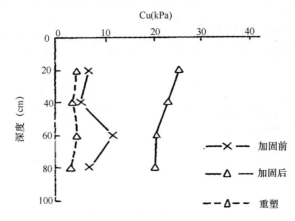

图4.2.8　压载加固前后十字板强度

116

从图中可以看出，十字板强度自上而下基本接近，加固前后的强度平均值分别为 7.4 kPa、22.2 kPa，加固后的强度增加值为 14.7 kPa，增幅199.0%。碱渣扰动后的强度值迅速降低，加固后的重塑强度平均值仅3.8 kPa，灵敏度范围1.8~6.6，平均值为5.8，与真空预压试验结果相近。

4.1.2.3 碱渣的抗液化能力试验

对现场试验前、后两种情况分别取三个土样（深度为1.5 m、4.0 m、7.0 m）进行动三轴试验，以确定碱渣的抗液化能力及加固后的变化。动三轴试验采用美国 SBEL 公司制造的伺服控制振动三轴仪，振动频率取1.0 Hz，采用应力控制加荷方式，动荷形式为正弦波。在等向固结压力$\sigma c(=100 \text{ kPa})$作用下完全固结后，关闭试样阀门，在应力控制下，沿试样轴向施加等幅振动应力，直到轴向峰值振动应变大于15%时停止。试验结果如图4.2.9所示。

本次所有试验均表明，振动应力作用下，试样中的振动残余孔隙水压力（u_{rf}）的变化有滞后性，而且当试样轴向变形大于15%时（即试样破坏时），试样中的振动残余孔隙水压力均小于围压σc（即小于试样的固结压力）。由于碱渣破坏时的有效力不为零，按照无黏性土的液化定义，碱渣的破坏形式不是液化。然而，试样动变形的变化确有突然性，即试样的振动残余孔压发展到u_{rf}试样的轴向变形突然增加，并导致破坏。

根据抗液化应力法分析碱渣抗液化能力如下：

地震期间土层中任一土体单元都将产生地震剪应力，西特根据一系列强震记录资料的分析，建议按式（4-2）计算土体单元的等效剪应力。

$$\tau_c = 0.65\tau_{max} = 0.65 \times d_Z \times \gamma_Z \times a_{max}/g \qquad (4-2)$$

式中：d_z——深度修正系数，$z=1.5 \text{m}$，$d_z=0.985$；

γ_z——计算点上覆总压力（kPa）；

a_{max}——地震时的最大加速度；

g——重力加速度（9.8m/s^2）。

碱渣的抗液化剪应力按式（4-3）确定。

$$\tau_d = Cr_{\sigma'}(\sigma_d/2\sigma_c)_{Nf} \times D_r/D_{r'} \qquad (4-3)$$

式中：Cr——校正系数；

σ'——计算点上有效压力（kPa）；

$(\sigma_d/2\sigma_c)_{Nf}$——室内试验所得到的抗液化剪应力比；

D_r、$D_{r'}$——现场土密度和试验土相对密度。

如碱渣回填在沿海滩涂，其上回填土厚1.0 m，容重为18 kN/m³，水位在碱渣表面，计算深度为 1.5 m 处烈度 7°、8°两种情况下的地震剪应力，抗液化剪应力结果如表 4.2.3 所示。

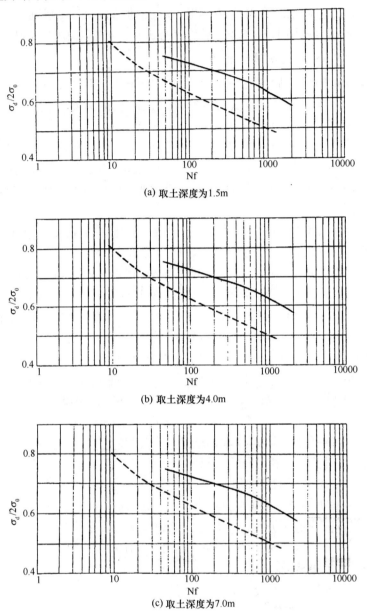

(a) 取土深度为1.5m

(b) 取土深度为4.0m

(c) 取土深度为7.0m

图 4.2.9　碱渣加固前后动三轴试验曲线

表 4.2.3 碱渣抗液化安全系数表

烈度/状态/参数		地震剪应力			抗液化剪应力					安全系数
		a_{man}	γz	τ_c	C_r	Nf	$\dfrac{\sigma_d/2}{\sigma_c}$	σ	τ_d	τ_c/τ_d
7	加固前	0.08g	40.5	2.1	0.55	12	0.788	25.5	11.1	5.29
	加固后	0.08g	40.5	2.1	0.55	12	0.831	25.5	11.7	5.27
8	加固前	0.16g	40.5	4.1	0.55	30	0.708	25.5	9.9	2.41
	加固后	0.16g	40.5	4.1	0.55	30	0.778	25.5	10.9	2.66

注：$\varepsilon = 0.05\%$。

从表 4.2.3 中可知，加固后的碱渣抗体液化能力提高 5% ~ 10%；若按 7°、8° 两种烈度设防，碱渣的抗液化安全系数均较大，作为堆场地基，碱渣应不存在地震液化问题，前述试验中动变形有突然性，应是 8° 以上地震所造成的震陷。

4.2.3 碱渣的真空预压加固现场试验

4.2.3.1 概况

1）试验区位置

根据天津市交通规划委员会（1995）16 号文的精神，1995 年 7 月 31 日由天津碱厂、一航院、天津港研所三方组织讨论了碱渣软基加固的现场试验初步方案，厂方拟定了四块场地（厂内某仓库堆场、老渣场、6 号汪子、3 号汪子）供现场试验选用。经现场察看、现场探摸、分析对比、最后试验区选在 6 号汪子西南角，临近新港四号路立交桥，平面位置如图 4.2.10 所示。

2）试验区地质条件

根据现场试验前期地质勘察结果，结合铁道部第十八工程局在 6 号汪子北部取得的地质资料可知：6 号汪子的顶标高在 +11.30 ~ +14.0m 上部有 0.30 ~ 0.50m 的杂填土层，其下为 8.0 ~ 12.8m 厚的碱渣，呈白色、饱和、软—流塑状态、细腻、质地均匀、碱渣下面为黏土、淤泥质黏土、黏土、加固前土层的主要物理指标如表 4.2.4 所示。

3）试验技术要求

根据天津港东突堤码头、南疆码头堆场真空预压软基加固的技术要求和经验，为了使天津碱厂排出的碱渣可用作堆场地基，对碱渣土软基加固提出

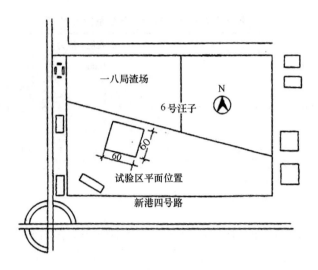

图 4.2.10　试验区平面位置示意图

如下技术要求。

（1）加固后的地基允许承载力不小于 80 kPa。

（2）软基加固范围内土体平均固结度大于 85%。

（3）真空预压时间为 100 天。

（4）设计参数。

试验区面积为 60 m×60 m＝3 600 m²，加固深度为 20 m，真空预压的设计荷载为 80 kPa，固结时间为 100 天。根据本地区的地质资料，采用塑料排水板作为垂直排水通道，排水板长 20 cm，间距为 1.0 m 按正方形布置。

（5）监测仪器布置。

本次现场试验布置的监测仪器有 13 个固定地表沉降标、2 组分层沉降，10 个孔隙水压力测头，2 个侧向位移、1 个地下水位，平面位置如图 4.2.11 所示，地表沉降标布置如图 4.2.12 所示，孔隙水压力测头位置如图 4.2.13 所示，分层沉降测点沿深度布置如图 4.2.14 所示。

（6）效果检验。

为了确定碱渣及其以下土层在真空预压荷载作用下的固结效果，加固后共进行了 8 个孔十字板强度检验；4 个原状土孔室物理力学指标试验；2 个现场载荷试验。平面位置如图 4.2.15 所示。试验结果见表 4.2.4。

4.2.3.2　现场施工

现场施工大致分为 5 个阶段。

表 4.2.4 真空预压试验前后土层物理力学指标

编号	土层名称	土层厚度 (m)	项目/内容	含水重 ω (%)	容重 r (kN/m³)	比重 Gs	饱和度 Sr (%)	孔隙比 e	液限 W_1 (%)	塑限 W_p (%)	塑性指数 Ip	压缩系数 a_{1-2} (MPa^{-1})	固结系数 Cv (×10^{-3} cm²/s)	三轴不排水剪 Cu (kPa)
1	碱渣	8.0	加固前	213.2	12.0	2.32	95.6	6.606	144.8	97.1	47.7	9.872	11.4	30
			加固后	168.4	12.5	2.34	95.7	5.252	140.8	81.6	60.0	8.052	13.9	49
			增量（%）	-21	4.2			-20.5						63.3
2	黏土	5.0	加固前	38.8	18.1	2.74	97.0	1.095	45.2	22.0	23.2	0.843	0.86	22
			加固后	37.9	18.3	2.73	97.4	1.064	42.8	21.3	21.4	0.649	0.99	36.8
			增量（%）	-2.3	1.1			-2.8						67.3
3	淤泥质黏土	2.0	加固前	52.5	17.3	2.74	99.9	1.425	48.2	22.8	25.4	0.953	0.76	13.7
			加固后	47.7	17.6	2.74	98.8	1.288	47.9	22.7	25.2	0.781	0.85	30.5
			增量（%）	-9.1	1.7			-9.6						122.6
4	黏土	5.0	加固前	48.4	17.5	2.74	99.2	1.333	51.9	23.9	28.1	1.105	0.81	23.9
			加固后	47.9	17.7	2.73	98.0	1.318	48.7	22.9	25.7	0.94	0.87	30.2
			增量（%）	1.0	1.1									26.4

1) 常规施工

1995 年 11 月 17 日施工队伍进场，施工人员克服了冬季施工、现场无生活用水、施工用水也很紧张等诸多不利因素，于 11 月 24 日开始铺设砂垫层，12 月 8 日开始打设塑料排水板，24 小时连续作业，22 日塑料排水板打设完毕，并在打设过程中完成监测仪器埋设及前期地质勘察。24 日布置真空滤管，挖压膜沟，铺塑料膜，安装射流泵、真空度表、回填压膜沟、筑覆水围堰，布置表层沉降测点，整个工期比原计划工期提前 10 天。真空预压断面如图 4.2.16 所示。

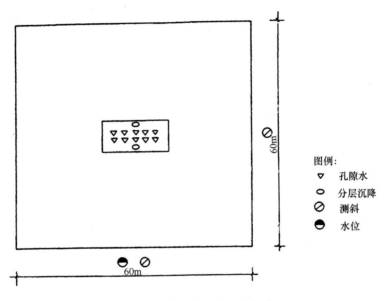

图 4.2.11　检测仪器平面示意图

图例：
▽　孔隙水
〇　分层沉降
⊘　测斜
⊖　水位

2) 密封帷幕施工

12 月 27 日开始试抽气，12 天后，膜下真空度为零。正常情况下，此时的真空度应在 20 kPa 左右。为此研究并采取了一些措施，如四周挖 2 m 深沟、回灌水、增加四台真空泵等，但效果均不明显。经分析认定膜下真空度上不去的原因是：该处碱渣高出地面 8 m，地下水位较低，长时间堆放后，碱渣失水收缩，产生大量裂缝，后来在深开挖四周压膜沟过程中，发现地下水位以上约 6 m 范围内的碱渣裂缝宽为 2～10 mm，这些裂缝形成透气通道，使膜下形不成负压。为确保真空预压加固试验成功，决定采用拌和法将试验区四周压膜沟下面带有裂缝的碱渣拌成宽 1.2 m，深 9.0 m 的密封帷幕，堵死透气通

122

道，设计的密封帷幕如图 4.2.17 所示。

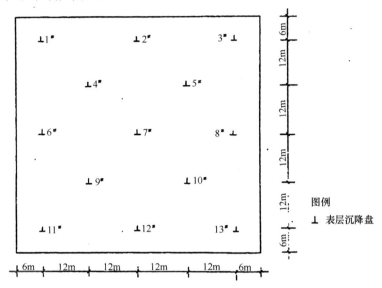

图 4.2.12　表层沉降测点布置示意图

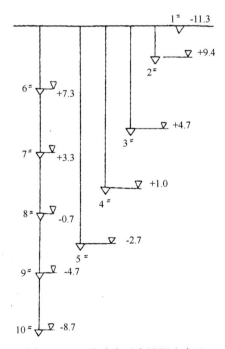

图 4.2.13　孔隙水压力沿深度布置

123

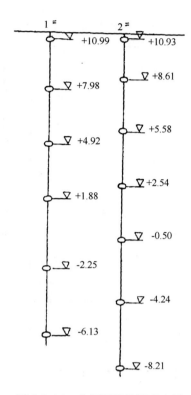

图 4.2.14　分层沉降沿深度布置

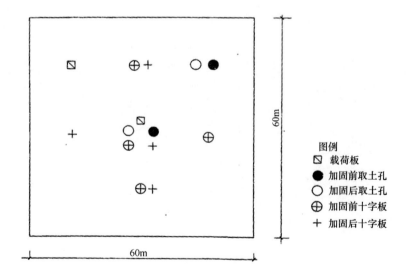

图 4.2.15　检验项目平面位置示意图

124

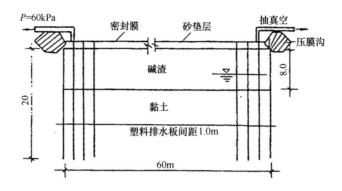

图 4.2.16　常规断面示意图

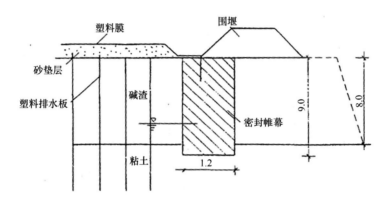

图 4.2.17　密封帷幕示意图

3）深开挖埋膜

1996 年 2 月 3 日结束密封围幕施工。抽气至 2 月 28 日，泵上最大真空压力仅为 6 ~ 8 kPa，仍然达不到加固要求。经技术分析认为，真空度上不去的原因是围幕宽度不够，拌好的碱渣水分流走，又形成细小的通道，与外围碱渣裂缝沟通。为彻底解决密封问题，从各种方案中优选了深开挖埋膜密封方案，即在试验区四周压膜沟下面开挖碱渣真到地下水位以下，挖深 6.5 m（上面 4.0 m 是采用机械开挖的，下面 2.5 m 是采用人工开挖的），然后铺两层塑料膜。开挖断面如 4.2.18 所示。

3 月 21 日铺好塑料膜后抽气，抽至 4 月 14 日，泵上真空压力达到 36 kPa。此时多数排水机孔位置上面的塑料膜出现破裂，于是边补边抽，4 月 30 日泵上真空压力达到 58 kPa。5 月 1 日两台发电机烧坏，修理 20

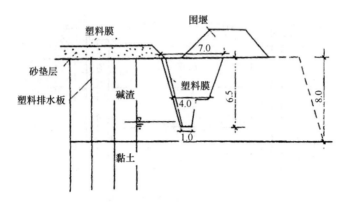

图 4.2.18　深开挖埋膜断面示意图

天后仍不能使用，5月20日重新租两台发动机，安装调试后，5月23日开始抽气，5月29日泵上真空压力最大的为95 kPa，最小的为76 kPa，膜下真空压力600 kPa，由此说明所采取的深开挖埋膜密封方案是成功的。

4）开挖补膜

5月29日膜下真空压力达到60 kPa，维持4天后逐渐下降，6月9日膜下真空压力降到42 kPa。真空压力下降的原因可能有两个：一是深开挖时所埋设塑料膜个别粘结不好，造成漏气；二是真空压力较大后，四周地下水位降低，膜下2 m碱渣没有密封造成透气。通过停泵观察四周地下水位变化及详细调查后认为，前一种可能性较大。采取的措施是，再增加两台真空泵并对原真空泵进行改造，试图用加大抽气能力抵消透气的方法来提高真空压力。该措施有一定的效果，但真空压力仍达不到设计要求。于是不得不再次对围堰四周进行开挖，检查并修补密封膜。6月23日开挖，7月4日结束。开挖后断面如图4.2.19所示。

开挖过程中发现四周3.5 m深范围内，侧壁有大小凹洞30多处。凹洞基本上出现在碱渣裂缝和碱渣粗颗粒沉积层交汇处，膜内达到一定的真空压力后，交汇处的小颗粒逐渐被吸走，形成凹洞，凹洞处密封膜被撕裂，形成透气通道。修补好这些破裂处，沟内覆水后，7月4日泵上真空压力最大的为98 kPa，最小的为82 kPa，膜下真空压力为80 kPa，达到设计要求。

5）加固效果检验

正式抽气至8月19日，表层沉降趋于稳定，初步分析土层均固结度超过设计要求，经天津市交通委、天津碱厂、天津市港研所讨论后停泵卸载，进行加

126

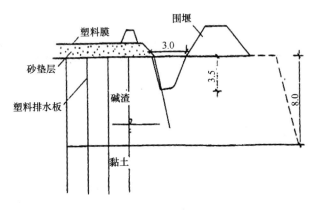

图 4.2.19　开挖补膜断面示意图

固后的现场检验。8 月 24 日钻探取土结束，8 月 26 日设备退场，9 月 6 日载荷板试验结束。

　　根据以上现场施工过程中可知，实际真空预压时间并不长，真空预压载荷与时间关系曲线如图 4.2.20 所示。若不考虑 3 月 22 日—4 月 25 日这一段荷载加固时间，5 月 23 日—7 月 4 日加固时间按减半计，至 8 月 19 日停泵卸载实际加固时间约 70 天。

4.2.3.3　试验结果分析

1）监测结果

（1）表层沉降。

　　根据 13 个地表沉降标所测得的试验过程中的地表沉降随时间变化值如表 4.2.5，变化曲线如图 4.2.21。

　　从表 4.2.5、图 4.2.21 中可知：塑料排水板打设期间地表发生沉降，平均沉降为 11.6 cm，引起该沉降的主要原因为：试验区内黏土层、淤泥质黏土层为欠压密土，打设塑料排水板后，排水距离减小，在碱渣及土层自重荷载作用下，土体产生固结沉降。

表 4.2.5　表层沉降表

日期	累计沉降（cm）			抽气过程中沉降（cm）		
	S	Smax	Smin	S	Smax	Smin
1995 – 12 – 08	11.6	14.4	8.5	0.0	0.0	0.0
1995 – 12 – 25	11.6	14.4	8.5	0.0	0.0	0.0

続表

日期	累计沉降（cm）			抽气过程中沉降（cm）		
	S	Smax	Smin	S	Smax	Smin
1996 – 02 – 03	13.1	16.5	9.0	1.5	2.1	0.5
1996 – 03 – 19	14.3	17.7	10.1	2.7	3.3	1.6
1996 – 04 – 03	15.4	18.9	11.2	3.8	4.5	2.7
1996 – 04 – 05	15.5	19.0	11.4	3.9	4.6	2.9
1996 – 04 – 11	15.6	19.2	11.5	4.0	4.8	3.0
1996 – 04 – 16	16.0	19.7	11.7	4.4	5.3	3.2
1996 – 04 – 18	16.4	20.2	11.8	4.8	5.8	3.3
1996 – 04 – 22	16.6	20.4	12.1	5.0	6.0	3.6
1996 – 04 – 28	17.1	20.9	12.5	5.5	6.5	4.0
1996 – 05 – 16	17.8	21.7	13.3	6.2	7.3	4.8
1996 – 05 – 27	19.5	24.3	14.9	7.9	9.9	6.4
1996 – 05 – 30	20.6	26.1	15.2	9	11.7	6.7
1996 – 06 – 05	21.3	28.5	15.7	9.7	14.1	7.2
1996 – 06 – 09	21.4	28.8	15.7	9.8	14.4	7.2
1996 – 06 – 11	21.2	28.7	15.6	9.6	14.3	7.1
1996 – 06 – 11	21.2	28.7	15.6	9.6	14.3	7.1
1996 – 06 – 12	19.8	27.3	14.6	8.2	12.9	6.1
1994 – 06 – 16	22.3	29.8	16.2	10.7	15.4	7.7
1996 – 06 – 24	23.7	31.9	16.4	12.1	17.5	7.9
1996 – 06 – 28	24.6	33.7	16.9	13	19.3	8.4
1996 – 06 – 30	25.4	34.9	17.7	13.8	20.5	9.2
1996 – 07 – 05	27.6	36.5	18.5	16	22.1	10.0
1996 – 07 – 08	28.8	38.7	19.7	17.2	24.3	11.2
1996 – 07 – 13	30.3	41.5	20.6	18.7	27.1	12.1
1996 – 07 – 18	32.0	43.7	21.5	20.4	29.3	13.0
1996 – 07 – 21	33.5	45.9	22.8	21.9	31.5	14.3
1996 – 07 – 31	36.3	49.1	24.2	24.7	34.7	15.7
1996 – 08 – 04	37.1	49.6	25.2	25.5	35.2	16.7
1996 – 08 – 07	37.7	50.0	25.9	26.1	35.6	17.4
1996 – 08 – 09	38.3	50.3	26.4	26.7	35.9	17.9

日期	累计沉降（cm）			抽气过程中沉降（cm）		
	S	Smax	Smin	S	Smax	Smin
1996－08－14	38.8	50.9	27.0	27.2	36.5	18.5
1996－08－19	38.9	51.1	27.1	27.3	36.7	19.6
1996－08－20	36.7	48.8	25.6	25.1	34.4	17.1

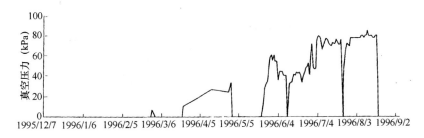

图4.2.20　真空预压载荷与时间关系曲线

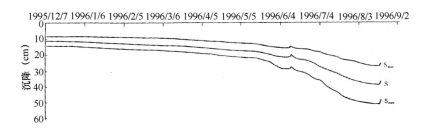

图4.2.21　表层沉降与时间曲线

　　真空预压后的地表累计平均沉降达到38.9 cm；最小沉降为27.1 cm；最大沉降为51.1 cm。

　　卸载后，地基回弹，24 小时后测得地表平均回弹值为2.3 cm。浸水后未发生变化。

　　（2）分层沉降。

　　1#、2#两组分层沉降各测点所测得的沉降随时间变化如表4.2.6、图4.2.22 所示，沉降沿深度变化曲线如图4.2.23 所示。

129

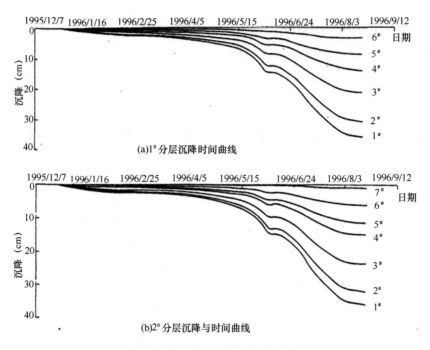

(a)1#分层沉降时间曲线

(b)2#分层沉降与时间曲线

图4.2.22　分层沉降与时间曲线

　　两组分层沉降位于试验区中心，相距仅2 m，最上面的沉降环距地表分别为0.31 cm、0.37 cm，从图4.2.22中可以看出，所测得的沉降值分别为36.1 cm、35.8 cm，基本接近；与试验区中心地表沉降值（38.9 cm）差不多，说明两种方法测得的沉降一致。

　　图4.2.23中可知，8 m厚的碱渣，在真空预压期间的压缩量大约为18.4 cm，占土层沉降量的51.6%；下卧土层压缩量为17.3 cm，占土层沉降量的48.4%，清楚地说明了真空预压对于试验区整个深度范围以内都起到了加固效果。

　　（3）侧向位移。

　　试验过程中，由于密封的需要，四周挖深6.5 cm，上部实测的侧向位移不能代表实际侧向位移，要据下部实测的侧向位移趋势反推东、南两个侧向位移沿深度变化如图4.2.24所示。

　　从图4.2.24中可以看出，真空预压过程中，土体向着试验区内收缩，其顶部位移达15.1 cm。

　　经换算，侧向收缩引起的等效沉降为9.1 cm，故该加固区的平均综合沉

130

降量为 48.0 cm，最大综合沉降量为 60.2 cm。

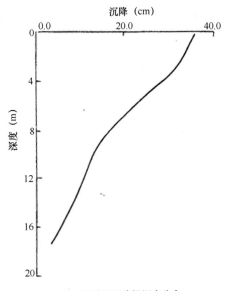

(a) 1# 分层沉降沿深度分布

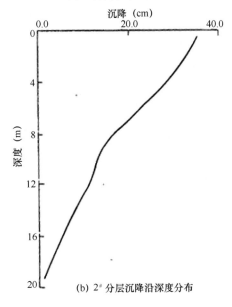

(b) 2# 分层沉降沿深度分布

图 4.2.23　分层沉降沿深度分布

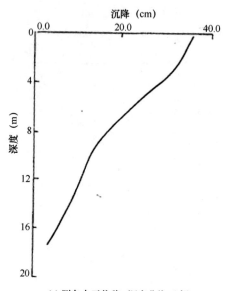

(a) 测向水平位移–深度曲线（南）

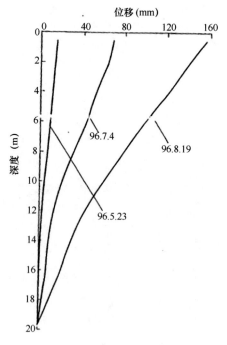

(b) 测向水平位移–深度曲线（东）

图 4.2.24　测向水平位移—深度曲线

（4）孔隙水压力。

真空预压过程中，土层不同深度处的超静水压力如图 4.2.25（a）所示，塑料排水板上不同深度处的真空压力如图 4.2.25（b）。

由图 4.2.25（a）地基土中的超静水压力随膜下真空压力增减而增减，但有滞后。

由图 4.2.25（b）可得真空压力自塑料排水板上向下传递，从测量的结果看，真空压力在传递过程中有损耗，与膜下真空压力基本上同步增减。

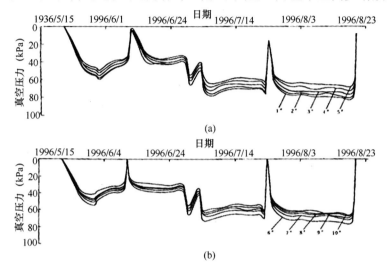

图 4.2.25　排水板上不同深度处的真空压力

（5）地下水位。

常规施工结束后（1995 年 12 月 27 日），测得地下水位深度为 5.7 cm；密封帷幕施工结束后（1996 年 2 月），地下水位基本上没有变化；深开挖埋膜后（1996 年 6 月），膜下真空度 40 kPa，地下水位深度为 5.0 m，水位略有抬高；开挖补膜后（1996 年 7 月），试验区四周一条深沟内覆水，水位观测孔由于受沟内水位影响，地下水位深度为 2.9 m。

表 4.2.6（a）　　1#分层沉降与时间对应表　　　　单位：cm

日期	测点 1 沉降	测点 2 沉降	测点 3 沉降	测点 4 沉降	测点 5 沉降	测点 6 沉降
1995－12－25	0	0.0	0.0	0.0	0.0	0.0
1996－01－03	0.4	0.3	0.2	0.2	0.1	0.1
1996－02－03	2.1	1.8	1.2	0.8	0.5	0.2

133

日期	测点1沉降	测点2沉降	测点3沉降	测点4沉降	测点5沉降	测点6沉降
1996 – 03 – 29	3.5	3.0	2.1	1.4	0.9	0.4
1996 – 05 – 16	7.4	6.4	4.4	2.9	1.8	0.7
1996 – 06 – 05	14.4	12.4	8.5	5.7	3.6	1.4
1996 – 06 – 09	14.6	12.5	8.6	5.7	3.6	1.4
1996 – 06 – 16	15.6	13.4	9.2	6.1	3.9	1.5
1996 – 06 – 28	19.7	16.9	11.7	7.7	4.9	1.9
1996 – 07 – 08	24.7	21.2	14.6	9.7	6.2	2.4
1996 – 07 – 21	30.2	25.9	17.9	11.9	7.5	2.9
1996 – 07 – 31	33.9	29.1	20.1	13.3	8.5	3.3
1996 – 08 – 07	35	30.1	20.7	13.8	8.7	3.4
1996 – 08 – 14	35.8	30.8	21.2	14.1	8.9	3.5
1996 – 08 – 19	36.1	31.0	21.4	14.2	9.0	3.5

表4.2.6（b）　　2#分层沉降与时间对应表　　　　　单位：cm

日期	测点1沉降	测点2沉降	测点3沉降	测点4沉降	测点5沉降	测点6沉降	测点7沉降
1995 – 12 – 25	0.0	0.0	0.0	0.0	0.0	0.0	0.0
1996 – 01 – 03	0.5	0.4	0.3	0.2	0.2	0.1	0.0
1996 – 02 – 03	2.2	2.0	1.5	0.9	0.7	0.4	0.0
1996 – 03 – 29	3.3	2.9	2.2	1.4	1.1	0.6	0.1
1996 – 05 – 16	7.5	6.7	5.0	3.1	2.4	1.3	0.2
1996 – 06 – 05	14.6	13.0	9.7	6.1	4.7	2.5	0.2
1996 – 06 – 09	14.7	13.1	9.7	5.7	4.6	2.5	0.4
1996 – 06 – 16	15.7	14.0	10.4	6.5	5.0	2.6	0.4
1996 – 06 – 28	19.9	17.8	13.2	8.3	6.4	3.4	0.5
1996 – 07 – 08	25.1	22.4	16.6	10.5	8.0	4.2	0.7
1996 – 07 – 21	30.7	27.4	20.3	12.8	9.8	5.2	0.8
1996 – 07 – 31	34.1	30.5	22.6	14.2	10.9	5.8	0.9
1996 – 08 – 07	35.0	31.5	23.2	14.6	11.2	5.9	0.8
1996 – 08 – 14	35.5	31.7	23.5	14.8	11.3	6.0	0.9
1996 – 08 – 19	35.8	32.0	23.7	14.9	11.4	6.0	1.0

2）加固效果检验

（1）物理力学指标。

加固前后碱渣的物理的力学指标试验结果列于表 4.2.4 中，由表可见，碱渣的含水量、孔隙比减少了 21%左右，淤泥质黏土含水量、孔隙比减少了 9%左右，黏土含水量、孔隙比减少较小、碱渣。黏土、淤泥质黏土、黏土三轴强度分别提高了 19 kPa、14.8 kPa、16.8 kPa、6.3 kPa。说明真空预压对加固内各土层均有效果，尤其是碱渣、淤泥质黏土。

（2）现场十字板强度。

真空预压加固前、后地基土现场十字板强度值如表 4.2.7，变化曲线如图 4.2.26 所示。

表4.2.7 现场十字板强度值

深度（m）	加固前（kPa）	加固后（kPa）
1.5	36.3	52.3
2.5	34.4	45.0
3.5	52.0	52.1
4.5	28.4	47.6
5.5	29.9	52.7
6.5	53.3	56.6
7.5	42.7	49.5
8.5	40.4	42.1
9.5	23.7	42.0
10.5	16.7	45.9
11.5	25.2	41.4
12.5	29.1	39.3
13.5	29.2	48.3
14.5	16.8	34.8
15.5	20.6	36.1
16.5	28.1	34.8
17.5	17.8	35.9
18.5	33.3	37.7
19.5	33.7	36.4

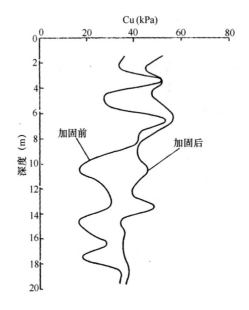

图 4.2.26　十字板强度沿深度变化曲线

根据图4.2.26中加固前的十字板强度曲线可知，深度在4.0 m、7.0 m两处有硬层、强度值高达52.4 kPa。该现象是由于碱渣是分层吹填的，吹填时，大量的碱液与碱渣混合吹到渣场，其中的粗颗粒沉积在下面（钻探取土后发现硬层中含有水淬渣、石英等），经过一段时间地下水位较低，硬层透气，上下碱渣见空气后强度也较高。回固后该硬层强度提高很小。

4.0～7.0 cm范围内的较软的碱渣，加固后的强度有显著的提高，平均强度达到50.2 kPa，平均强度增加21.1 kPa。

加固后的黏土、淤泥质黏土、黏土层十字板强度分别提高18.9 kPa、16.8 kPa、7.3 kPa，土层在18.5 m以下强度增长要小一些。扰动后，碱渣的强度降低较大，而黏土、淤泥质黏土较小。前者的灵敏度平均值为4.8，按黏性上灵敏度定义，碱渣属灵敏土。后者的灵敏度为2.4。

（3）荷载试验。

原位静力载荷试验采用的是1.0×1.0 m方形承压板。该承压板置于碱渣表面，试验位置如图4.2.15所示，载荷试验是根据《建筑地基基础设计规范》（GBJ7－89）中的有关标准进行的。载荷与沉降值如表4.2.8所示，静载试验P－S曲线如图4.2.27所示。

136

表 4.2.8　载荷与沉降对应值

加荷级	1	2	3	4	5	6	7	8	9
荷重（kN）	20	40	60	80	100	120	140	160	180
1#沉降（mm）	0.6	1.6	3.0	5.5	9.3	15.2	31.4	49.8	
2#沉降（mm）	0.7	1.5	2.1	3.2	4.8	10.9	21.1	34.3	46.2

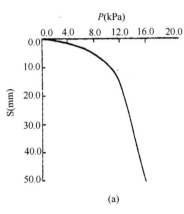 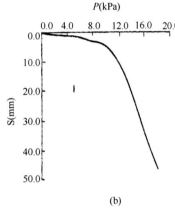

（a）静载试验 P－S 曲线（1#）　　　（b）静载试验 P－S 曲线（2#）

图 4.2.27　静载试验 P－S 曲线

　　根据第一、第二块载荷试验结果确定的地基允许承载力分别为 116 kPa、120 kPa，地基平均承载力为 118 kPa。

　　上述试验结果表明，经过真空预压处理后，碱渣的承载力超过试验技术要求（80 kPa）。加固处理后的碱渣可作为一般工程地基。

　　3）结果分析

　　（1）地基土固结度分析。

　　①根据在表沉降计算固结度。

　　根据图（4.2.21）中实测的沉降—时间过程线，采用指数曲线配合法计算加固体的最终沉降量按公式（4－4）计算。

$$S\infty = \frac{S3(S2 - S1) - S2(S3 - S2)}{(S2 - S1) - (S3 - S2)} \qquad (4-4)$$

式中，$S\infty$ 为最终沉降量；$S1$、$S2$、$S3$ 为等同时间间隔下的实测沉降。

　　计算所得最终平均沉降量为 40.5 cm，真空预压结束时沉降为 36.9 cm，

土层的平均固结度 $U_t = S_t / S_\infty = 91.2\%$ 。

②根据实测分层沉降分析。

根据实测分层沉降（图4.2.22）推算的固结如表4.2.9所示。根据表中各层固结度计算结果，由厚度加权平均所得的土层平均固结度为92.4%，与采用表沉降的分析结果基本一致。

表4.2.9　分层固结度计算结果

测点	深度 （m）	压缩层厚度 （m）	实测压缩量 （cm）	最终沉降量 （cm）	固结度 %
1	34.1	3.013	5.1	5.2	98
2	29.3	3.061	9.7	9.9	98
3	20.2	3.036	7.2	8	90
4	13.4	4.129	5.2	5.9	88
5	8.5	3.883	5.5	6.1	90
6	3.3				

（2）地基土强度分析。

实测强度增长值与理论强度增长值如表4.2.10所示。表中的理论强度增长值如下公式计算：

$$\Delta C = \kappa \times \sigma \times U_1 \times \tan\varphi$$

式中：κ 为经验折减系数，一般取0.75~0.9，表中取0.75。

表4.2.10　实测与折减后的理论强度增长

土层名称	深度 （m）	荷载 （kPa）	固结度 （%）	内摩擦角 （°）	理论增长 （kPa）	实测增长 （kPa）
碱渣	4.0~6.0	80	94	21	21.6	21.1
黏土	9.5~14.0	80	94	18	18.3	18.9
淤泥质黏土	2.0~16.0	80	94	16	16.2	16.8
黏土16.2	6.0~2.0	80	94	20	20.5	7.3

由表可见，除下部黏土外，实测结果与理论值上比较吻合的。

4.2.3.4　小结

（1）由于试验碱渣高出地面8m，地下水位较低的，碱渣失水后收缩产生大量的裂缝，影响了真空预压试验密封效果，但经过采取深开挖埋膜等措施后，仍有效地解决了该难题。

（2）真空预压满载约 70 天的地面平均综合沉降为 48.0 cm，中心处最大沉降为 60.2 cm，平均固结度 91.2%，超过设计要求。

（3）真空预压加固后各土层强度明显提高、碱渣、黏土、淤泥质黏土。黏土层十字板强度分别提高 21.1 kPa、18.9 kPa、16.8 kPa、7.3 kPa；原位静力载荷试验确定的地基允许承载力为 118 kPa，满足地基允许承载力不小于 80 kPa 的试验技术要求。

4.2.4 对拟建的北疆码头后方碱渣堆场加固的建议

由于 3 号汪子即将堆满碱渣，天津碱厂需要建设新的渣场，经天津交委和港务局同意，于 1995 年开始在天津港北疆码头后方堆场规划区域内围筑面积为 0.709 km² 的一块滩涂（在 3 号汪子东侧），作为碱渣堆场。该区域滩涂地面标高大约 +1.5 m，拟堆碱渣到 +6.0 m，碱渣厚度约 4.5 m。碱渣下面为新沉积的淤泥、淤泥质黏土。关于今后该区域的加固问题提出如下建议。

4.2.4.1 技术要求

根据天津港东突堤码头、南疆码头堆场真空预压软基加固的技术要求和经验，对北疆码头后方堆场规划区域拟建的碱渣堆场的地基加固，提出如下技术要求：

（1）加固后的地基允许承载力不小于 80 kPa。

（2）软基加固范围内土体平均固结度大于 85%。

（3）加固深度为 20 m。

如果码头后方堆场设计承载要求大于 80 kPa，可以采用真空联合堆载加固以满足承载力要求

4.2.4.2 加固设计

根据本次现场试验以及室内试验、大化现场试验，建议碱渣的固结系数可取 $0.4 \times 10^{-2} \sim 1.0 \times 10^{-2}$ cm²/s，淤泥、淤泥质黏土的固结系数应根据试验选取，或参考南疆码头堆场地基资料。

垂直排水通道建议采用塑料排水板，排水板长 20 m，间距为 1.0 m，按正方形布置。真空预压的设计荷载为 80 kPa，砂垫层厚度为 40~50 cm，真空预压固结时间估计为 100 天。

4.2.4.3 大面积施工

根据以往真空预压大面积施工经验，较为经济，方便的单元施工面积为

$2 \times 10^{4} \sim 3 \times 10^{4} \ m^{2}$，因此，建议该滩涂将来进行加固时，每加固单元面积也按 $2 \times 10^{4} \sim 3 \times 10^{4} \ m^{2}$ 进行设计施工。

大面积施工时，由于该区域地下水位较高，不会出现本次现场试验如此艰难的密封问题。有关真空预压施工技术、工艺流程等可参考有关资料。

4.2.5　结论

根据室内及现场试验结果分析，可以得出如下结论：

（1）碱渣在 8 度（包括 8 度）以下地震时，不会出现液化现象。

（2）加固前碱渣的含水量大、孔隙比大、压缩性高、强度低，不能直接作为工程地基土，使用前需要进行加固处理。通过室内试验及现场试验证明，真空预压加固法是一种较为有效的加固方法。

（3）真空预压加固法应用于碱渣现场加固处理时，密封膜下真空度可达到 600 mmHg 以上，相关于 80 kPa 以上的预压载荷。

（4）现场、室内试验得到的碱渣平均灵敏度为 4.8、5.1，按土性定义碱渣属于灵敏土。

（5）现场试验、室内试验所得碱渣的固结系数分别为 4.7×10^{-3}、$11.3 \times 10^{-3} \ cm^{2}/s$，都大于一般黏土，固结时间的控制土层应是碱渣下的软土层。

（6）现场真空预压满载约 70 天的地面平均综合沉降为 48.0 cm，中心处最大沉降为 60.2 cm，平均固结度达 91.2%，超过设计要求。

（7）现场碱渣加固后的地基允许承载力为 181 kPa，满足一般工程地基承载力（80 kPa）要求。

综上所述，碱渣可作为一般工程地基加以利用，室内外试验结果表明真空预压法是处理碱渣的有效方法，经加固处理后的碱渣可直接用作一般道路、堆场地基。这样即可解决碱渣存放、减少环境污染，又可减少回填料、变废为宝，建议港口工程中采用。

4.3　改性处理

碱渣与其他材料（如炉灰、水泥等）拌和后，其工程性质将有所改变。

在对天津碱厂开发提供的碱渣与不同材料拌和后的样品的物理力学性质进行检测后，我们得到试验结果如下。

4.3.1 试样的拌和成分

碱厂提供的样品按以下五种配比组合：

（1）老碱渣（90%）＋炉灰（10%）

（2）碳化碱渣（90%）＋炉灰（10%）

（3）碳化碱渣（80%）＋炉灰（20%）

（4）碳化碱渣（100%）

（5）碳化碱渣（80%）＋炉灰（10%）＋碎石（10%）

炉灰指军粮城粉煤灰。

4.3.2 击实试验

为了测定试样的最大干容重和相应的最优含水量，对各种配比组合的试样进行了击实试验。

将试样在室内风干或室外晾晒不同时间，使其达到不同含水量，然后在标准击实仪（照片 4.3.1）中击实。击实时将土分三层填入击实筒中，每层击 27 下。

照片 4.3.1　击实仪照片

击实成型后，用液压千斤顶将试样从击实筒顶出，立即称重，取含水量（见照片 4.3.2）。

五组试验结果见后面的图和表。

a 碳化碱渣

b 碳化碱渣 (90%) + 炉灰 (10%)

照片 4.3.2 击实后的土样

击实试验 (一)

日期: 1996.5.23—1996.5.25

材料: 碳化碱渣

试样编号	试验条件	试样重量 (g)
NO.1	原状含水量	1 446
NO.2	室外晾晒 12 h	1 425
NO.3	室外晾晒 16 h	1 386
NO.4	室外晾晒 20 h	1 315
NO.5	室外晾晒 24 h	1 116

击实试验

工程编号 <u>天津碱厂</u>　　　　　　　　试验者 _____
土样编号 _____　　　　　　　计算者 _____
试验日期 <u>1996.5.22 – 1996.5.23</u>　　　校核者 _____

试验仪器：标准击实仪　　土样类别：碳化碱渣　　每层击数：27
估计最优含水量：　　　　风干含水量：　　　　土粒比重：

试验序号	干密度 筒+土质量(g) (1)	筒质量(g) (2)	湿土质量(g/cm³) (3)	密度(g/cm³) (4)	干密度(g/cm³) (5)	含水量 盒号	盒+湿土质量(g) (6)	盒+干土质量(g) (7)	盒质量(g) (8)	湿土质量(g) (9)	干土质量(g) (10)	含水量(%) (11)	平均含水量(%) (12)
				$\frac{3}{10}$	$\frac{4}{1+0.01(12)}$					(6)-(8)	(7)-(8)	$\{\frac{(9)}{(10)}-1\}*100$	
1				1.446	0.777								86.21
2				1.425	0.796								79.09
3				1.386	0.815								70.14
4				1.315	0.848								55.00
5				1.116	0.739								40.73

最大干密度（g/cm³）		最优含水量		饱和度	
大于5mm颗粒含量（%）		校正后最大干密度（g/cm³）		校正后最优含水量（%）	

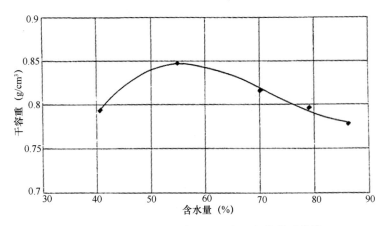

图 4.3.1　碳化碱渣含水量—干容重变化关系曲线

击实试验（二）

日期：1996.5.22 – 1996.5.23

材料：碳化碱渣（90%）＋炉灰（10%）

试样编号	试验条件	试样重量（g）
NO.1	室外晾晒 6 h	1 445
NO.2	室外风干 6 h	1 470
NO.3	室外晾晒 12 h	1 410
NO.4	室外晾晒 5 h	1 475
NO.5	室外晾晒 8 h	1 395
	室外风干 12 h	
NO.6	（后补）室外风干 24 h	1 390
	室外晾晒 4 h	

击实试验（二）

工程编号 <u>天津碱厂</u>　　　　　　　试验者 _____

土样编号 _____　　　　　　计算者 _____

试验日期 <u>1996.5.22 – 1996.5.23</u>　　校核者 _____

试验仪器：标准击实仪　　　土样类别：碳化碱渣＋炉灰　　　每层击数：27

估计最优含水量：　　　　　风干含水量：（90%）（10%）　　　土粒比重：

试验序号	干密度					含水量						
	筒+土质量（g）	筒质量（g）	湿土质量（g/cm³）	密度（g/cm³）	干密度（g/cm³）	盒号	盒+湿土质量（g）	盒+干土质量（g）	盒质量（g）	湿土质量（g）	干土质量（g）	含水量（%）	平均含水量（%）
	(1)	(2)	(3)	(4)	(5)		(6)	(7)	(8)	(9)	(10)	(11)	(12)
				$\frac{3}{10}$	$\frac{4}{1+0.01(12)}$					(6)－(8)	(7)－(8)	$\{\frac{(9)}{(10)}-1\}*100$	
1				1.470	0.823								78.72
2				1.455	0.896								62.33
3				1.410	0.917								53.73
4				1.475	0.900								63.8
5				1.395	0.908								53.55

最大干密度（g/cm³）	最优含水量	饱和度
大于 5mm 颗粒含量（%）	校正后最大干密度（g/cm³）	校正后最优含水量（%）

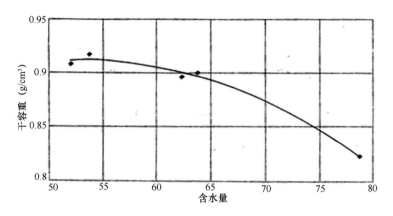

图 4.3.2 碳化碱渣（90%）＋炉灰（10%）

含水量－干容重变化关系曲线

击实试验（三）

日期：1996.5.19－1996.5.20

材料：老碱渣（90%）＋炉灰（10%）

试样编号	试验条件	试样重量（g）
NO.1	原状含水量	1 475
NO.2	室内风干 6 h	1 461
NO.3	室内风干 12 h	1 460
NO.4	室内风干 12 h	1 459
	室外晾晒 2 h	
NO.5	室外晾晒 7 h	1 365
NO.6	室外晾晒 12 h	1 365
	室内风干 8 h	

击实试验（三）

工程编号天津碱厂　　　　　　　试验者＿＿＿＿＿＿

土样编号＿＿＿＿＿　　　　　　计算者＿＿＿＿＿＿

试验日期 1996.5.19－1996.5.21　　校核者＿＿＿＿＿＿

试验仪器：标准击实仪　　　　　　土样类别：老碱渣＋炉灰　　　　　　每层击数：27

估计最优含水量：　　　　　　　　风干含水量：（90%）（10%）　　　　土粒比重：

试验序号	干密度					含水量							
	简+土质量（g）	简质量（g）	湿土质量（g/cm³）	密度（g/cm³）	干密度（g/cm³）	盒号	盒+湿土质量（g）	盒+干土质量（g）	盒质量（g）	湿土质量（g）	干土质量（g）	含水量（%）	平均含水量（%）
	(1)	(2)	(3)	(4)	(5)		(6)	(7)	(8)	(9)	(10)	(11)	(12)
				$\dfrac{3}{10}$	$\dfrac{4}{1+0.01(12)}$					(6)－(8)	(7)－(8)	$\left\{\dfrac{(9)}{(10)}-1\right\}*100$	
1				1.475	0.842								75.12
2				1.461	0.849								72.06
3				1.459	0.862								69.35
4				1.460	0.874								66.89
5				1.355	0.900								50.54
最大干密度（g/cm³）						最优含水量				饱和度			
大于5mm颗粒含量（%）						校正后最大干密度（g/cm³）				校正后最优含水量（%）			

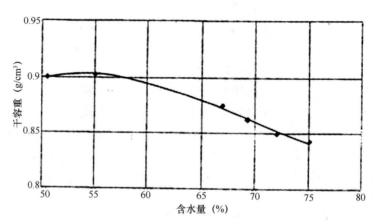

图 4.3.3　老碱渣（90%）＋炉灰（10%）
含水量—干容重变化关系曲线

146

击实试验（四）

日期：1996. 5. 28 – 1996. 5. 29

材料：碳化碱渣（80%）＋炉灰（10%）＋碎石（10%）

试样编号	试验条件	试样重量（g）
NO. 1	室内风干 6 h	1 560
NO. 2	室内风干 12 h	1 520
	室外晾晒 2 h	
NO. 3	室内风干 18 h	1 355
	室外晾晒 24 h	
NO. 4	室内风干 12 h	1 270
	室外晾晒 30 h	
NO. 5	室外风干 12 h	1 260
	室外晾晒 30 h	

击实试验（四）

工程编号天津碱厂　　　　　　　　试验者＿＿＿＿＿＿

土样编号＿＿＿＿＿＿　　　　　　计算者＿＿＿＿＿＿

试验日期 1996. 5. 28 – 1996. 5. 29　　校核者＿＿＿＿＿＿

试验仪器：标准击实仪　　　　土样类别：碱渣＋炉灰＋碎石　　　　每层击数：27

估计最优含水量：　　　　风干含水量：（90%）（10%）（10%）　　　土粒比重：

试验序号	干密度					含水量						
	简+土质量（g）	简质量（g）	湿土质量（g/cm³）	密度（g/cm³）	干密度（g/cm³）	盒号	盒+湿土质量（g）	盒+干土质量（g）	盒质量（g）	湿土质量（g）	干土质量（g）	含水量（%）	平均含水量（%）
	(1)	(2)	(3)	(4)	(5)	(6)	(7)	(8)	(9)	(10)	(11)	(12)
				$\frac{3}{10}$	$\frac{4}{1+0.01}$ (12)				(6) − (8)	(7) − (8)	⌈(9)/(10) −1⌉* 100	
1			1.56	0.939								66.00
2			1.52	0.955								59.11
3			1.355	0.949								42.74
4			1.27	0.944								34.59
5			1.26	0.934								35.51

最大干密度（g/cm³）	最优含水量	饱和度
大于 5mm 颗粒含量（%）	校正后最大干密度（g/cm³）	校正后最优含水量（%）

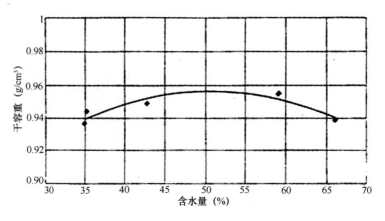

图 4.3.4　碳化碱渣（80%）＋炉灰（10%）＋碎石（10%）
含水量—干容重变化关系曲线

击实试验（五）

日期：1996.5.25–1996.5.27

材料：碳化碱渣（80%）＋炉灰（20%）

试样编号	试验条件	试样重量（g）
NO.1	室外晾晒 6 h	1 455
NO.2	室外晾晒 7 h	1 450
NO.3	室外晾晒 8.5 h	1 300
NO.4	室外晾晒 10.5 h 室内风干 24 h	1 263
NO.5	室外晾晒 1.5 h 室内风干 24 h	1 106

击实试验（五）

工程编号天津碱厂　　　　　试验者_____

土样编号_____　　　　计算者_____

试验日期 1996.5.28–1996.5.29　校核者_____

試験仪器：标准击实仪　　　土样类别：碳化碱渣（80%）+　　　每层击数：27
估计最优含水量：　　　　　风干含水量：炉灰（20%）　　　土粒比重：

试验序号	干密度					含水量							
	简+土质量（g）	简质量（g）	湿土质量（g/cm³）	密度（g/cm³）	干密度（g/cm³）	盒号	盒+湿土质量（g）	盒+干土质量（g）	盒质量（g）	湿土质量（g）	干土质量（g）	含水量（%）	平均含水量（%）
	(1)	(2)	(3)	(4)	(5)		(6)	(7)	(8)	(9)	(10)	(11)	(12)
				$\dfrac{3}{10}$	$\dfrac{4}{1+0.01(12)}$					(6)－(8)	(7)－(8)	$\left\{\dfrac{(9)}{(10)}-1\right\}*100$	
1				1.455	0.913								59.22
2				1.405	0.925								51.96
3				1.307	0.890								46.92
4				1.263	0.886								42.48
5				1.106	0.864								37.97
最大干密度（g/cm³）				最优含水量				饱和度					
大于5mm颗粒含量（%）				校正后最大干密度（g/cm³）				校正后最优含水量（%）					

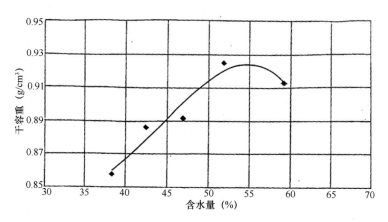

图 4.3.5　碳化碱渣（80%）+炉灰（20%）

含水量—干容重变化关系曲线

4.3.3 单轴压缩试验

为了测定试样击实后的强度和变形特性，在三轴仪上进行了单轴压缩试验。

试验设备如照片 4.3.3 所示，加荷速率为 2 mm/min 试样尺寸为 $\varphi 92 \times 150$ mm。

照片 4.3.3　单轴加荷设备

试验表明，试样破坏时产生沿加荷方向的纵向裂纹，且为脆性破坏（照片 4.3.4）。试验的应力—应变关系如图 4.3.6~4.3.12 所示。

4.3.4 试验结果分析

以上击实试验和单轴压缩试验的结果汇总于表 4.3.1。

a 碳化碱渣单轴试验

b 碳化碱渣（90%）＋炉灰（10%）试验结果

照片4.3.4 单轴试验结果

从表4.3.1以及前面的试验曲线可以看出以下一些规律性：

（1）用不同拌和材料拌和后的混合物质的最优含水量与碱渣基本相同，表明碱渣的含水量仍起着控制作用。

（2）掺入炉灰后，试样的最大干容重有较大增长，同时峰值强度与变形模量也相应变大。

（3）击实试验结果表明，当试样含水量超过70%时，在击实过程中出现橡皮土现象。而在最优含水量（55%左右）附近相当大范围内（±10%），试样容易击到较大的干容重。

（4）击实后的土样极易在空气中失水，如碱渣一样，结合水被蒸发掉后失去结构强度而变"粉"。

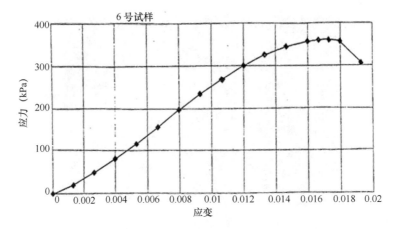

图 4.3.6　碳化碱渣（90%）＋炉灰（10%）应力—应变关系

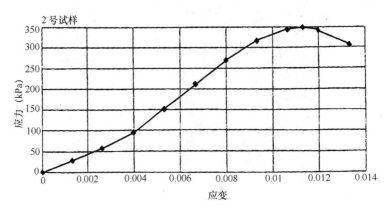

图 4.3.7　碳化碱渣（80%）＋炉灰（20%）应力—应变关系

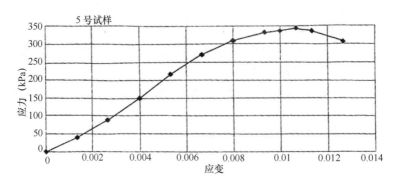

图 4.3.8　老碱渣（90%）＋炉灰（10%）应力—应变关系

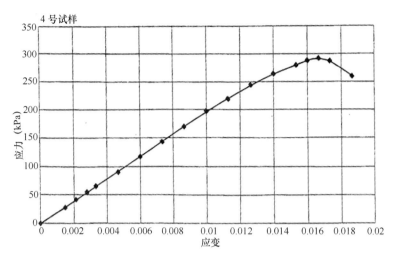

图 4.3.9　碳化碱渣（100%）应力—应变关系

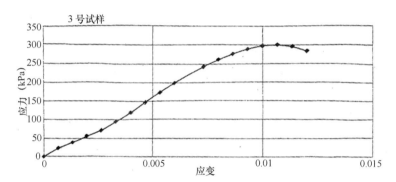

图 4.3.10　碳化碱渣（80%）+炉灰（10%）+碎石（10%）应力—应变关系

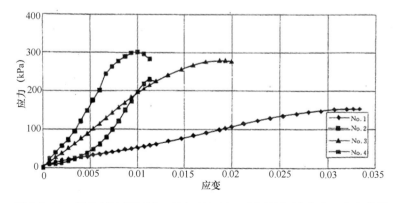

图 4.3.11　碳化碱渣（80%）+炉灰（10%）+碎石（10%）应力—应变关系

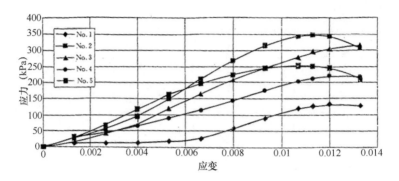

图 4.3.12　碳化碱渣（80%）+炉灰（20%）应力—应变关系

（5）单轴压缩试验表明，试样在压缩过程中出现竖向裂缝，在较小的应变下（1%～2%）出现脆性破坏。

表 4.3.1　不同拌和材料击实及单轴压缩试验结果

拌和材料	最优含水量（%）	最大干容重（g/cm³）	相应的强度峰值（Mpa）	相应的模量（Mpa）	破坏应变
老碱渣（90%）+炉灰（10%）	55	0.902	0.35	37.5	0.011
碳化碱渣（90%）+炉灰（10%）	55.4	0.917	0.36	24.0	0.017
碳化碱渣（80%）+炉灰（2%0）	53	0.924	0.35	35.2	0.012
碳化碱渣	55	0.846	0.29	19.6	0.017
碳化碱渣（80%）+炉灰（10%）+碎石（10%）	52	0.960	0.30	30.0	0.0105

4.3.5　结论

通过以上的试验结果，可以得出以下几点认识：

（1）老碱渣和碳化碱渣与炉灰拌和后，其颜色和物理力学性质都有很大改观，特别是密实度有较大提高（从 0.84 提高到 0.9 以上）。

（2）按本次试验所采用的各种拌和比例，试样的最优含水量均在 55% 左右，但在 50%～70% 的含水量范围内，试样均容易击到较大的干容重。

（3）各拌和试样的单轴强度和变形模量的变化范围不大，峰值强度介于0.30～0.36MPa之间，相应的模量介于24～37.5MPa之间。

（4）在较小的应变下（1%～2%），试样发生脆性破坏，破坏时产生纵向裂缝。

（5）碱渣很容易风干，失去结合水后不再具有结构强度而成为粉状物。因此在使用时应注意保持一定的含水量。

4.4 双层地基

对利用碱厂排出的碱渣，作为低洼场地填垫材料的可能性进行了室内和现场试验。

现将试验情况及结果整理报告如下。

4.4.1 试验

4.4.1.1 室内试验

1）材料

（1）碱渣：天津碱厂制碱中提出的废料，一种含水量较高。白色、灰白色糕状体。本料因堆积多年和取料位置的不同，有的呈团粒状。

（2）返砂：天津碱厂制碱中排出的第二废料，系灰白色松散颗粒状体，它是制碱过程中未能完全进行化学反应的一种石灰质材料。

（3）粉煤灰：军粮城发电厂燃烧煤排出的废料，使用时取用含水量小于5%的较干煤灰粉。

（4）黏性土：一般就地取材。本试验采用塑料性指数为14的粉质黏土。

（5）土石屑：天津蓟县山区破碎山石后的产物。石屑内含有一定量的粉粒。产量较大。

（6）丘砂：天津蓟县山区山皮风化后的产物。呈砂粒状。产量较大。

利用上述六种材料。以碱渣作为基层。以各种材料的不同组合制作了7种混合料21个配合比例的面层（覆盖层），进行了对比试验。

2）材料指标

详见表4.4.1－表4.4.2。

表 4.4.1 碱渣、返砂的化学成分（%）

材料	烧失量	SiO$_2$	AL$_2$O$_3$	Fe$_2$O$_3$	CaO	MgO	SO$_3$	ACaO
碱渣	36.56	7.33	4.43	0.91	44.45	4.04	1.81	7.31
返砂	13.90	19.47	6.21	3.02	51.23	4.31	0.22	17.47

表 4.4.2 粉煤灰、土石屑、丘砂的颗粒分配   单位：mm

材料 粒径(%)	>10	10~5	5~1	1~0.5	0.5~0.1	<1
粉煤灰	/	/	0.4	0.6	18.0	81.0
丘砂	/	9.0	46.0	27.5	15.7	1.8
土石屑	2.5	25.5	43.0	11.5	13.5	4.0

试验时用做基层的碱渣以及用做表面的 7 种混合料 21 个配合比的土性指标，见表 4.4.3。

表 4.4.3 碱渣及 7 种混合料 21 个配比的土性指标

材料	体积配合比	含水量 %	容重 kN/m^3	干容重 kN/m^3	压缩模量 MPa
粉煤灰：返砂	2:1	36.0	12.1	8.9	5.3
	4:1	46.8	11.9	8.1	4.3
	6:1	49.0	13.2	8.8	/
黄土：返砂	2:1	21.1	14.8	12.2	2.8
	4:1	22.5	15.2	12.4	2.8
	6:1	25.0	16.0	12.8	3.0
黄土：粉煤灰：返砂	1:1:1	25.1	13.6	10.9	3.0
	2:2:1	31.1	14.2	10.8	/
	4:4:1	32.0	14.0	10.6	2.8
粉煤灰：碱渣	2:1	53.3	12.9	8.4	4.8
	4:1	69.6	12.8	7.5	3.9
	6:1	69.6	13.3	7.8	5.3
黄土：粉煤灰	1:1	35.3	15.7	11.6	2.4
	2:1	30.2	16.0	12.3	4.2
	4:1	29.1	17.6	13.6	5.8
粉煤灰：丘砂	1:1	18.8	14.8	12.5	
	2:1	/	14.6	11.0	
	1:2	18.2	15.5	13.1	

材料	体积配合比	含水量 %	容重 kN/m³	干容重 kN/m³	压缩模量 MPa
粉煤灰：土石屑	1:1	18.6	15.9	13.3	
	2:1	11.8	16.3	14.6	
	1:2	29.0	15.8	12.2	
碱渣		12.7.5	13.2	5.8	

试验结果：试验在特制的试验装置中进行，首先对原材料分别进行了处理，并按面层与基层厚度之比为1:3制备了双层地基的试样，室内试验装置如图4.4.1所示。土样制备后经14天龄期养护以后，进行中型荷载试验，得到各种双层地基不同的承载能力。

（1）每种组合中三个不同配比的"压力与沉降"（即P－S）曲线见图4.4.2至图4.4.8。图中P为荷载压力值（kPa），S为土层表面的沉降量。

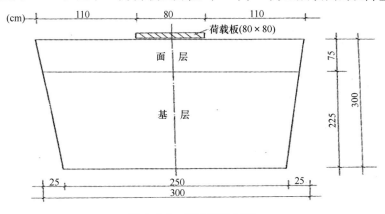

图4.4.1 试验箱示意图

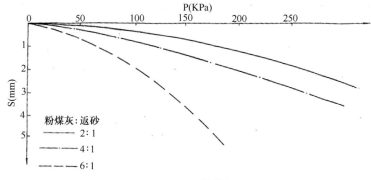

图4.4.2 面层：粉煤灰＋返砂

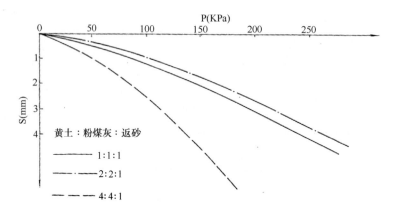

图 4.4.3 面层：黄土 + 粉煤灰 + 返砂

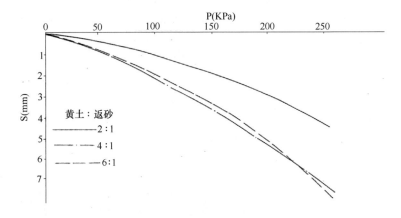

图 4.4.4 面层：黄土 + 返砂

（2）为便于分析比较，将上述每种组合中，最佳"P－S"曲线汇总如图
4.4.9 所示。

①粉煤灰：返砂 = 2：1

②黄土：粉煤灰：返砂 = 2：2：1

③黄土：返砂 = 2：1

④粉煤灰：碱渣 = 6：1

⑤黄土：粉煤灰 = 4：1

⑥粉煤灰：丘砂 = 1：1

⑦粉煤灰：土石屑 = 2：1

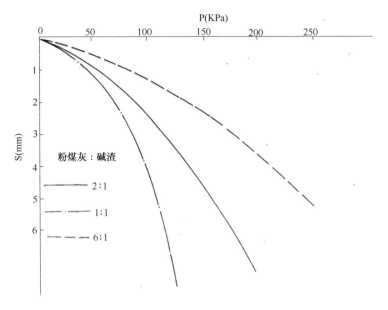

图 4.4.5　面层：粉煤灰 + 碱渣

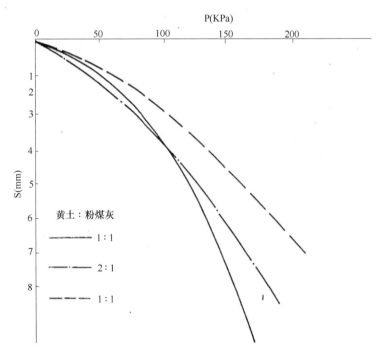

图 4.4.6　面层：黄土 + 粉煤灰

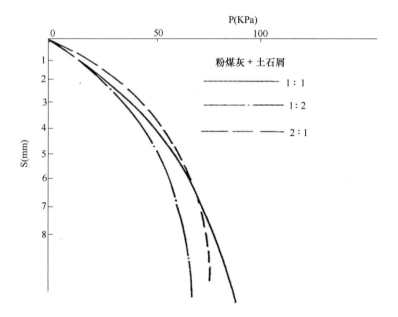

图 4.4.7　面层：粉煤灰 + 土石屑

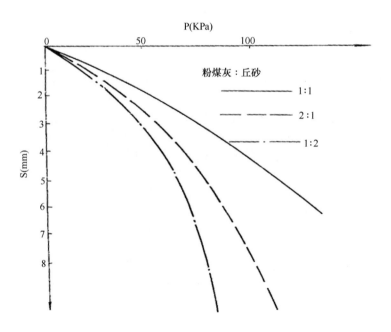

图 4.4.8　面层：粉煤灰 + 丘砂

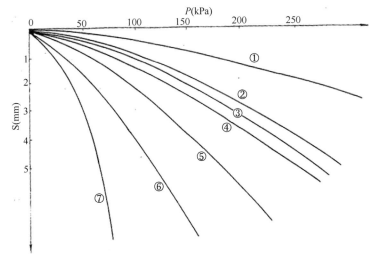

图 4.4.9 最佳 P－S 曲线

4.4.1.2 现场试验

在室内试验结果的基础上，选定以下三种面层，作为现场试验使用。

三种面层为：

粉煤灰: 返砂 = 2: 1

黄土: 返砂 = 2: 1

粉煤灰: 碱渣 = 6: 1

试验现场选在天津碱厂运盐队以北的废盐田内。试验场地的淤泥底被清除后填垫碱渣，120 cm 厚的碱渣基层用 120H 湿地推土机一次推填成功，三种面层的材料均分别进行了处理，在场区外用 TS—140H 推土机充分拌和均匀后运入场内，用 140H 推土机配合分区进行推铺，并经推土机按测量标志保证 60 cm 实铺厚度。推排压三遍，再由 8 t 重载汽车碾压四遍。试验区面积为 30 m × 10 m，每种面层的试验面积为 10 m × 10 m。面层与基层厚度之比为 1: 2。

试验区施工完毕已进入 11 月下旬，为减少降温及冰冻给试验区地基带来不利影响，采用草帘两层在面层敷铺，养护 18 天后进行现场试验。

（1）试验区平、剖面示意图：（图 4.4.10）

（2）试验期间地温、气温变化图：（地温为试验区地表下 50cm 处温度值）。

（3）三种面层的双层地基荷载试验结果：荷载试验板选用1m×1m方形荷载板，油压千斤顶加荷位移传感系统测量装置。试验结果曲线如图4.4.11。

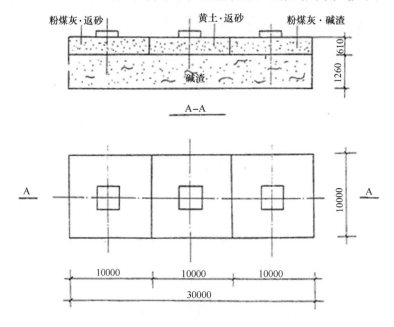

图4.4.10　试验区平、剖面示意图

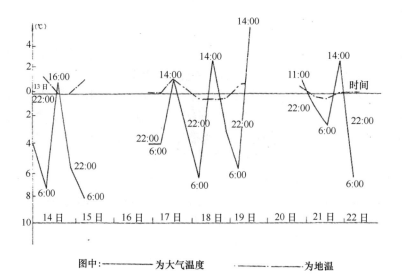

图中：————为大气温度　　　—·—·—·—为地温

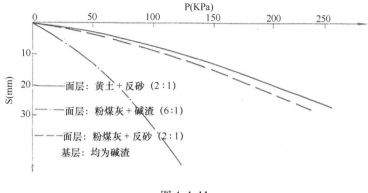

图 4.4.11

4.4.1.3　试验结果综述

本试验的目的是最大可能地为制碱废渣—碱渣寻找简易便行利用量大的处理途径。为此，用碱渣作为低洼场地填垫材料的试验方案被提出。采用碱渣作为基层。其他材料按一定比例相配合制成较坚硬的土层作为碱渣上覆盖层进行的室内外试验，结果表明有实用性。

（1）室内试验共选用了 7 种混料组合 21 个配比例的上部覆盖层，进行了 21 台"双层地基"的荷载试验。当碱渣基层的做法不致时，不同混合料组成的面层则产生不同的强度效果。

从 7 种不同混合材料的试验可以看出，（粉煤灰＋返砂），（黄土－粉煤灰＋返砂），（黄土＋返砂）的三组试验，无论其各种材料中返砂，CaO 含量约在 50% 左右，ACaO 约在 17% 左右。当返砂与黄土或粉煤灰混合时，由于化学作用，使混合材料的强度加强。室内荷载试验的龄期为 14 天，其允许承载力依次为：（粉煤灰＋返砂）的 R＝150 kPa，（黄土－粉煤灰＋返砂）的 R＝115 kPa，（黄土＋返砂）的 R＝105 kPa。随龄期的增长，强度还会进一步提高。

图 4.4.5 是面层为（粉煤灰＋碱渣）的荷载试验的"P—S"曲线，粉煤灰：碱渣为 6:1 的双层地基允许承载力为 90 kPa，低于（粉煤灰－返砂）为面层的。原因在于 ACaO 含量少，仅有 7% 左右。但允许承载力，在一定条件下还是能满足填方工程要求。

其他三种面层的允许承载力依次为：（黄土＋粉煤灰）R＝60 kPa，（粉煤灰＋丘砂）R＝40 kPa，（粉煤灰＋土石屑）R＝30 kPa。

（2）现场试验选用的面层，为便于推广应用分别作了（粉煤灰＋返砂）、

163

（黄土＋返砂）、（粉煤灰＋碱渣）为面层的三组对比试验。（粉煤灰＋返砂）、（黄土＋返砂）的允许承载力 R 均为 100 kPa，（粉煤灰＋碱渣）为面层的效果较差，R 为 40 kPa。

现场土样及试验区的施工是仿照正常施工草帘苫盖养护，在 11 月末 12 月上旬气温已很低，通过检查，试验区地表已有 15 cm 左右厚的冰冻层，这便导致试验结果略有偏高。即便如此，采用（粉煤灰＋返砂）、（黄土＋返砂）为面层的双层地基的允许承载力 R 值可以使用在 100 kPa，变形为 7 mm。

（3）现场与室内荷载试验结果规律是相同的，均表明在相同的基层上，不同的面层，其承载力不同，（粉煤灰＋返砂）、（黄土＋返砂）为面层的其承载力较高。但从现场与室内所做试验的承载力值看有一定差距，这正说明，室内试验与现场试验不同，室内试验不能完全代替现场试验。因此，当采用碱渣和某种混合材料制作的双层地基为建筑地基时，宜由现场荷载试验确定地基承载力。

4.4.2 现场施工要点及经济效益

4.4.2.1 施工要点

利用碱渣作为填土材料填垫低洼场地，一般将碱渣填垫于基层。在其上面用其他混合材料填制一个覆盖加强层，形成双层地基。如图 4.4.12 所示。

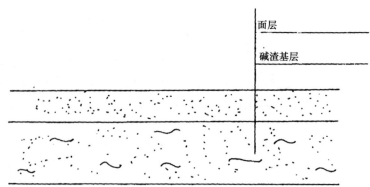

图 4.4.12

1) 材料

基层：应选用存放较久，含水量一般不大于100%的碱渣。如因选料困难。所用碱渣含水量大于100%，以至湿地推土机也难向前推垫。无法按标高找平，均采用较干粉煤灰、返砂等工业废渣与湿碱渣机械拌和的方法降低其含水率，进行填垫作业。粉煤灰掺入量一般为20%。

面层：一般采用两种组合，黄土+返砂；粉煤灰+返砂。

根据材料来源的难易程度，可任意选用，材料按体积比配合，一般黄土:返砂为2:1；粉煤灰:返砂为2:1。

所用黄土以粉性黏土为宜，土中不得含有草根，瓦砾等，含水量不大于20%。返砂选用经过粉化，且存放期不长，无结块硬化，含水量不大于35%。粉煤灰采用电厂燃烧煤粉排放的废料，使用时如含水量过大，应晾干后使用，一般含水量在5%左右。

2) 施工

施工前首先对现场进行检查，如所垫场地有积水要抽干，并保持在填垫施工中不受水浸泡。填垫水坑时，碱渣垫层顶标高（设计标高）能保持在高出水面1.2 m以上时。坑内积水可不抽干。

填垫要求：

(1) 填垫碱渣层，由推土机分层推垫达到标高后，并用推土机找平排压。

(2) 填垫面层首先按体积比在备料场拌和均匀后运入填方区，由推土机分步铺垫，并按设计标高找平并排实。

(3) 对填垫的土层分层进行密实度检验，使其达设计要求，满足工程强度要求。当发现有局部松软情况，如机械和车辆在已垫面层上行驶，发生陷车、橡皮土现象及质量控制指标达不到要求时，要用推土机对该段进行推槽换土处理，直至合格。

(4) 全部施工完毕，要进行竣工验收，高程、平整度达设计标准。质量满足工程要求。

4.4.2.2 经济效益

利用碱渣填垫场地地基，可以同时收到逐步腾出现在堆放碱渣占压土地和节省划拨采土用地的双重社会效益。

在塘沽双层地基的面层采用黄土:返砂=2:1和粉煤灰:返砂=2:1。按施工要求必须先将材料运到备料场进行配比拌和，所以当施工运距相等时，施工费用会比用黄土直接填垫要高一些，然而天津碱厂废碱渣堆垒紧邻天津对外经济开发区和新港区。如果开发区垫地，港区建设回填场地，其四周邻近生产队已无开挖养鱼池出土可以利用，而必须从塘沽区供土站指定的取土坑（即胡家园五十间房附近的大港土坑）取土时，则其施工费用将比用黄土直接填垫节省。

今假设开发区内有 100 亩场地填土工程，设计填土厚度 1.5 m，分别以用供土站大港土坑取黄土填垫和用碱渣、（黄土 + 返砂）双层地基填垫，均按 1983 年天津市建筑工程预算定额进行施工费的预算比较。

（1）设计填方数据：100 m × 666.67 m × 1.5 m = 100 000 m^3。

（2）供土站对机械取土要求一般是取的越深越好，最小也得在 3 米以上。为在填土过程中能创造出一个将湿土晾晒风干的条件，为此力争供土站供给一个由推土机分层推出的较为干而不需晾晒的土料 20%，以便先沿填方区边沿填宽 25 m，以后在此先填好的带状面积上将所取湿土排列堆放晾晒，待其含水量降至适于填垫时，即进行推填。这样分段流水，推土机和载土汽车能起到顺便，压实的作用，使推土机和载土汽车得以充分利用。

（3）鉴于上述和碱渣、（黄土 + 返砂）双层地基工艺的压实要求，按预算定额规定，设计填方数量应乘以 1.15 系数，得出所需填料的计费自然方数量为 $10 × 1.15 = 11.5 × 10^4$ m^3。

（4）费用计算结果比较：

①用黄土直接填垫：

计为 2 076 577.97 元，每立方 13.8 元。

②用 100 cm 碱渣 + 50 cm 黄土 + 返石面层双层地基：

计为 1 697 611.75 元，每立方米 11.3 元。

后者为前者的 81.75%，即利用碱渣废料填垫时比直接用黄土填垫可节约费用 18.25%。这样每 100 亩（1 亩 = 0.0667 hm^2），深 1.5 m 的填方工程，可为国家节约开支 378 966.82 元（按 1983 年人民币价值），并节省了大量的农田用土。

在 1981—1985 年期间（按 1983 年人民币价值），天津碱厂在塘沽区朝阳新村小区建设职工住宅，小区占地面积 10.51 hm^2，建筑面积（5 层住宅楼）87 000 m^2。该小区原是盐田，地垫低洼，常年积水，按常规施工要用黄土将场地垫至设计标高。为节省投资和充分利用废碱渣，采用了以碱渣为基层，厚度 10 m，其上垫黄土和返砂的混合料（黄土∶返砂 = 3∶2），厚度为 0.5 m 的双层地基方案。回填后，在建筑施工过程中各种运输车辆在地面上通行，情况良好，未出现塌陷现象。工程完工后至今已有十多年，在该地基上修筑的小区道路和庭院等，均未有不均匀沉降、损坏等现象。小区建筑、道路的照片见照片 4.4.1. 照片 4.4.2。

该小区垫地共用碱渣 105，100 m³，变废料为有用之物。与甩黄土垫地相比较，可节省投资 105 万元（黄土按每立方米 10 元计算）。此费用若按 1997 年人民币价值计算，所节省费用至少可达 1 000 万元。

照片 4.4.1

照片 4.4.2

4.4.3　结论

1. 试验研究结果表明，以碱渣作为低洼场地的填垫材料是可行的。为综合利用和治理制碱工业废料，节省划拨采土用地，开拓了又一新的途径，是充分利用工业废料可挖掘的一大潜力，具有很大的社会效益。

2. 填垫采用双层地基，既加大了主要废料——碱渣的利用量。又充分发挥面层材料的强度作用。通过荷载试验，证实了只要选择适宜的面层，在一定的应用范围内，可以满足一般填方工程在强度和变形方面的基本要求。

3. 天津碱厂白灰埝紧邻天津经济开发区和新港港区；如开发区和港区建设利用碱渣填垫，可为国家节约大量投资，节约大量农田土，其经济效益非常显著。

基于上述，建议利用碱渣作为大面积不要求绿化的场地基层，如道路、货场、操场等。

4.5　碱渣制工程用土

大量碱渣长期堆存严重污染环境，影响城市建设和发展。虽然国内外的科研人员对碱渣的综合利用做了大量工作，找到了一些处理方法，但由于那些方法工艺复杂、成本高，碱渣处理量小等原因，所以难以在短期内解决碱渣大量堆积问题。

碱渣的微观结构和强度形成研究结果表明，碱渣本身即为具有一定强度的工程土，特别是其含水量接近或达到最优含水量时，其强度即可满足回填工程的承载力要求。碱渣的微观结构表明其团聚体内部众多的微孔隙对水有强烈的吸附作用，因而宏观上表现为碱渣含水量非常大，最高可达 300% 左右。此种情况下碱渣本身强度较低，一般不能为工程直接利用。工程应用实践中，通常采用将含水量较大（一般超过 100%）的碱渣与粉煤灰或增钙灰按 8:2 比例拌和晾晒后再分层用推土机碾压方法进行回填，其工程效果和经济效益非常好。

我们目前用于大规模填地工程的碱渣土是以天津碱厂堆积碱渣为主原料，以天津碱厂高压锅炉的增钙灰和军粮城的粉煤灰为辅助材料进行拌和制成碱渣土，配比为碱渣:增钙灰（或粉煤灰）为 8:2。回填工程按附录碱渣土回填的技术规程进行，然后选塘沽东沽回填区进行碱渣土回填现场载荷试验，试验内容包括：

（1）回填土承载力测试；

（2）水坑回填土承载力测试；

（3）二次挖填回填土承载力测试；

（4）水浸泡回填土承载力测试。

试验面积为 $4.0 \times 3.5 \, m^2$。试验的碱渣土为碱渣与粉煤灰按 8∶2 拌和而成并按碱渣土应用回填工程技术规程（详见附录）进行填垫。填垫后的 10 天左右开始载荷试验，荷载板尺寸为 300 mm × 300 mm，试验直接在碱渣土表面进行。由于工程上对一般填垫土的承载力要求不高，故每次试验的荷级加到 220 kPa 为止。试验块进行 2 台荷载试验，试验结果如图 4.5.1 给出。由图中可以看出，在 P－S 曲线上，以沉降为 0.01b＝3 mm（b 为荷载板宽度）对应的荷载为地基承载力基本值，其值为 100 kPa，大于设计要求的 80 kPa。如果按照《建筑地基基础设计规范》（GBJ 7－89），对于中等压缩性的图取限制沉降为 0.02b＝6 mm，则对应的地基承载力基本值为 150 kPa 左右。

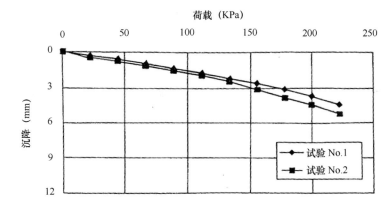

图 4.5.1　荷载试验结果：碱渣（80%）＋粉煤灰（20%）

根据试验结果得出如下结论：

（1）碱渣中掺入增钙灰（或粉煤灰）有助于碱渣中水分的蒸发散失，并提高碱渣土的干容重和强度，还可以改善其表观。

（2）碱渣土的比重为 2.32，易溶盐含量在 10% 左右，室内试验结果表明，碱渣土不会对混凝土和钢筋造成腐蚀，通过天然雨水和淋洗作用可逐渐减少其对绿化的影响。

（3）碱渣土在 7 度地震烈度作用时，不会发生液化现象。

（4）经压实后的碱渣土其物理力学性能指标高于一般索土（由碎石、砂土、粉土、黏性土等组成的填土)。

（5）碱渣土和二次回填的碱渣土在大规模现场填垫施工条件下，均可满足 80 kPa 承载力要求。

（6）欲获得较高的承载力，可采用无水填垫，严格控制含水量，减少虚铺厚度，增加压实能量等工程措施来实现。

（7）碱渣土可代替黄土进行低洼场地回填，碱渣土在最优含水量下压实可作为室内房心、车间地坪地基、道路路基回填用土。压实后的碱渣土有良好的工程性能。

（8）碱渣土在宏观上表现为较高的强度与其微观结构和强度形成机理研究结论是一致的。

4.6 天津碱厂老碱渣土底层碱渣的加固处理工程

位于天津塘沽区的天津碱厂老碱渣山，在上部碱渣被挖掉制成了工程土用于大面积低洼地的填垫后，在碱渣山渣场底层尚残留一层 1.5 ~ 3 m 的碱渣。该层碱渣处于即将开发的碱渣山花园小区（占地 150×10^4 m^2，建筑面积 150×10^4 m^2）六层居民住宅楼地下室高程以下。虽经上部碱渣的长期压载，但由于经常处于地下水的浸泡之中，所以仍具有相当高的含水量，处于流塑状态。将该层碱渣要完全消除将耗费大量的人力物力。而在这层残留的碱渣上面直接进行打桩和建造房屋基础施工是比较困难，需要对其进行原位处理，使处理后的地基具有可靠的施工操作面，并具有较高的地基承载力。

为了确定有效合理的处理方法，我们首先通过室内外试验，获取该层碱渣的物理力学性质和其标准承载力。

1）室内试验结果

对碱渣取样进行了室内试验，以检测碱渣的物理力学性质，检测结果如表 4.6.1 所示。

可以看出，碱渣的性质很不均匀，物理指标：含水量最大值达到 300%，孔隙比最大达到 5.6，干容重平均只有 4.3 kN/m^3，力学指标：三轴不排水强度平均为 10.9 kPa，快剪指标 $\varphi_q = 11°$，$c_q = 17$ kPa。与塘沽黏土或淤泥质黏土相比，碱渣的变形较大。前者的压缩系数一般不超过 1.0，而后者的压缩系数平均达到了 6.3 MPa^{-1}。

表 4.6.1 碱渣的物理力学指标

指标	含水量 W （%）	干容重 γ_d （kN/m³）	压缩系数 a_{1-2} （MPa⁻¹）	孔隙比 e	内摩擦角 φ	黏结力 c （kPa）	三轴不排 水强度 （kPa）
样本个数	20	20	10	20	20	20	20
最大值	305	6.5	15.5	5.6	17	24	25
最小值	132	3.6	0.62	2.1	6	11	7.7
均值	179	4.7	6.3	4.1	11	17	10.9
方差	45	0.66	2.44	1.3	3.2	4.5	5.2

2）野外现场静力触探结果

野外现场静力触探结果表明，该层碱渣的比贯入阻力 Ps 值为 0.416，其承载力标准值为 50 kPa。

上述室内外试验结果说明该层残留碱渣变形较大，软硬不均匀，承载力较低，在其上面的建筑物都不能产生不均匀沉降，且沉降量较大，因此该层碱渣不能直接利用，必须对其加固处理后采用桩基础。

在获取该层残留碱渣的物理力学性质和标准承载力后，我们根据实际情况，采用了以下四种方案进行现场试验工作：

（1）在碱渣层上填换 40 cm 的粉煤灰（或增钙灰）作为垫层；

（2）将 70% 的碱渣与 30% 的石灰搅拌后填换 40 cm 的碱渣，然后夯实；

（3）将 60% 的碱渣、20% 的石灰及 20% 的粉煤灰（或增钙灰）搅拌后填换 40 cm 的碱渣，然后夯实；

（4）在碱渣层中以 1 m 间距打设排水板，其上覆盖 20 cm 中、粗砂垫层。

根据不同的试验方案做成若干 5m×5m 的试验段，试验场地周边挖排水沟排水。在试验段完成 2～3 周后，采用载荷试验对其处理效果进行了检测，检测结果如图 4.6.1 至图 4.6.4 所示。

图 4.6.1 是排水板 + 砂垫层试验段的载荷试验结果。从现场来看，由于碱渣自身渗透性较大（10^{-3}～10^{-5} cm/sec），所以排水板处理后的效果不大。试验时将荷载板放置于一个排水板上面，测定的承载力约为 60 kPa。

图 4.6.2 是碱渣与石灰拌和（比例为 7∶3）处理后形成的地基的载荷试验结果。由于碱渣含水量非常大，与石灰拌和后，经过 2 周时间硬化效应不大，地基上的含水量依然很大，能够明显感到处于软黏状态，承载力略高，约为 90 kPa，但受到扰动后承载力降低。

171

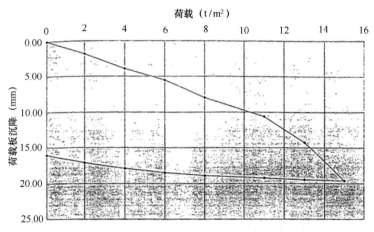

图 4.6.1　荷载试验结果：（排水板 + 砂垫层）

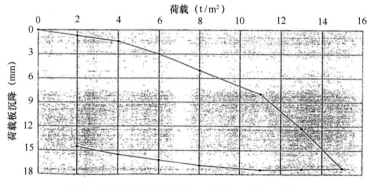

图 4.6.2　荷载试验结果：（碱渣 : 石灰 = 7 : 3）

　　图 4.6.3 是碱渣 + 石灰 + 粉煤灰（比例为 6 : 2 : 2）拌和处理后形成的地基的载荷试验结果。由于碱渣比例减小，地基承载力提高，约为 110 kPa 左右，但仍感到处于软黏状态，不宜作为施工操作面。

　　图 4.6.4 是在碱渣表层换填 40 cm 粉煤灰处理后的地基承载力试验结果。从现场来看处理后的粉煤灰形成了一个非常坚硬的硬壳，该层土的承载力非常高，在 200 kPa 时其加荷曲线仍为直线（地基土处于弹性阶段），对应的沉降仅为 1 mm。用轻便动力触探器作触探试验时，击数达到 200 击时难以穿透该层。同时，已有的工程实践经验表明，在碱渣上铺 40 ～ 50 cm 的粉煤灰后，可以经受重型卡车的反复碾压。这就表明了该层土具有很好的抗冲击能力。这样处理的地基表层可以作为很好的施工作业面。

　　各试验段的载荷试验结果汇总与表 4.6.2 中。

172

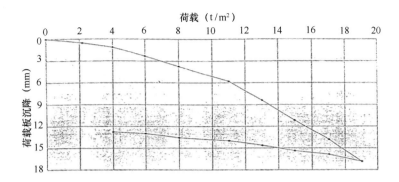

图4.6.3　荷载试验结果：（碱渣∶石灰∶粉煤灰＝6∶2∶2）

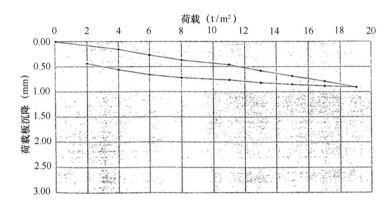

图4.6.4　荷载试验结果：（40cm粉煤灰垫层）

表4.6.2　载荷试验结果汇总

处理方法	承载力（kPa）	对应沉降（0.02B）（mm）	变形模量（MPa）	15 kPa荷载对应的变形（mm）
排水板＋砂垫层	63	6	2.5	19.5
碱渣∶石灰＝7∶3	90	6	4.8	14.2
碱渣∶石灰∶粉煤灰	110	6	6.6	11.0
40 cm粉煤灰垫层		6	57.6	0.7

　　从以上的结果可以看出，在残留碱渣表层换填40 cm左右的粉煤灰，可

173

以形成一个承载力很高，抗冲击能力很强的硬壳，形成很好打桩或进行房屋基础施工的操作面。

　　本工程再次表明碱渣本身作为工程土时具有一定的强度，即使在含水量很高（130%～300%）处于流塑状态时，仍具有 50 kPa 的承载力。这是由于其微观结构分析中碱渣颗粒的团聚体结构强度较高，不易遭到破坏，从而起到了土骨架作用的性质。然而，含水量较高的碱渣一般不能被工程直接利用，只有当其经过晾晒或与粉煤灰拌和后含水量达到或接近最优含水量时，其强度才能满足回填工程设计要求。但当碱渣土直接作为多层住宅建筑的地基持力层时，则其承载力未必满足设计要求，本工程即为此类情况。因此碱渣土在具体工程利用时应考虑其工程特性，充分利用其微观结构和强度特点，因势利导，最大程度发挥其应有的工程效益和经济效益。

5 碱渣对建筑物、建筑材料及其制品的影响

利用碱渣作回填土——碱渣制工程土是有效途径。由于碱渣舍有大量的碱性物质，还含有其他腐蚀性物质，因此碱渣做碱渣工程土后，是否对建筑物带来不利的影响，是否对建筑材料及其制品产生腐蚀，是大家关注的问题，为此我们对天津碱厂作了调查，调研结果如下所述。

5.1 碱渣对建筑物的影响

5.1.1 碱渣对建筑物自身的影响

随着天津碱厂的发展扩大，天津碱厂原有厂房不够使用，生活设施需增加，只能在原堆放碱渣地段建新厂房，建住宅建筑，1964 年以来，天津碱厂陆续在老渣场的地段建一些小型建筑物和厂房，这些建筑物使用情况如下。

白灰办公楼，三层，面积 820 m²，砖混结构，条形基础，埋深 1 m，换 1 m 石硝，下边有 2 ~ 3 m 厚碱渣，1978 年建成使用，至今情况良好。照片 5.1.1。

白灰保全休息楼，三层，面层 600 m²，高 10.5 m，框架结构，钢筋混凝土条形基础，埋深 1 m，换 1 m 厚石硝垫层，下边有 2 ~ 3 m 厚碱渣，1991 年建成，使用情况良好。

煅烧厂房，框排架结构，建筑面积 7 300 m²，单独基础，桩基。排架部分 27 m 跨设 10 t 天车，单独基础，桩基，地基处理情况，上换 1 ~ 2 米石硝，下边有 3 米厚碱渣，这部分碱渣被利用，桩穿透碱渣层，1984 年建成，使用情况良好。

#6 铁路线站台，排架结构，钢屋架，轻型屋面，面积 1 900 m²，总长 72 m，中间设沉降缝，北边条型基础直接作用在碱渣顶层的硬层上，南边单独基础，桩基。北边基底下碱渣厚度约 4 m，硬层的厚度约 1 m，站台内为大面积堆碱，1964 年建成，使用情况良好。

照片5.1.1

重灰厂房，四层厂房，框排架结构，建筑面积约6 020 m²，两侧建筑均为单独基础，桩基，地基处理情况，上换1~2 m碎石硝，下边有3 m深碱渣，这部分碱渣被利用，桩穿透碱渣层，1991年建成，使用情况良好。

复肥成品库，18 m跨，詹口标高7 m，钢屋架，轻型屋面，面积980 m²，排架结构，独立基础，砖围护墙，地基换1 m厚碎石硝，下边有3.2 m厚碱渣，施工即将完成，今为大面积堆料。

包装路，汽车吊正在作业，路面下有4 m厚碱渣，上换1 m厚的石硝及其面层，使用情况良好。

在未做路面之前，引进的3.6 m×30 m，重200 t的煅烧炉运输通过这条路。

露天站台，上换1 m厚碎石硝，下边有4 m厚的碱渣，面积4 000 m²，其上为大面积堆料，1990年建成，使用情况良好。

龙门吊，22 m跨，起重量15 t，轨道长140 m，钢筋砼条形基础，建在灰膏上，换1.5 m厚石硝，下边有2.5 m厚碱渣，堆场换1 m厚石硝压实，1989年建成，使用情况良好。

这些建筑分别建于20世纪60~90年代，使用情况良好，至今未发现有工程问题，没发现出现不均匀沉降而产生的裂缝，也没发现建筑物出现较大整体下沉，这说明碱渣是有一定承载能力的，在碱渣场上建建筑物是可能的。

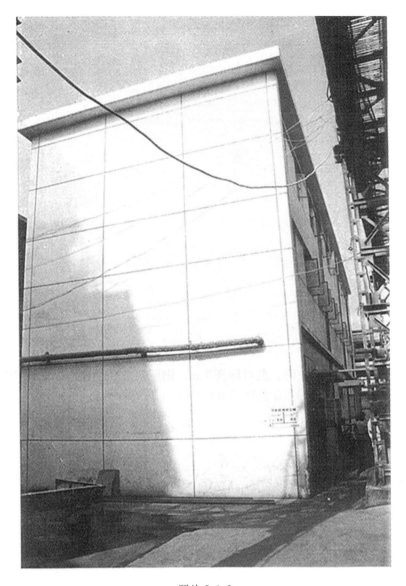

照片 5.1.2

照片 5.1. 3

照片 5.1.4

照片 5.1. 5

照片 5.1.6

照片 5.1.7

照片 5.1.8

照片 5.1.9

5.1.2 碱渣对地下管道的影响

天津碱厂职工住宅区建筑物建在碱渣地上，地下管道埋没在碱渣中。开挖后，发现埋在碱渣内十多年的自来水铸铁管（施工时作了常规防腐处理）没有发生腐蚀。

5.2 碱渣对建筑材料及其制品的影响

碱渣是否对建筑材料及其制品造成腐蚀，主要看其化学成分，碱渣的化学成分全分析结果见表5.2.1。

表5.2.1 新排出碱渣风干试样化学全分析结果

成分	SiO_2	TiO_2	Fe_2O_3	Al_2O_3	FeO	MnO	MgO
含量（%）	0.34	0.08	0.89	1.02	0.02	0.03	3.57
成分	CaO	Na_2O	K_2O	P_2O_5	烧失量	烧失量	比重
含量（%）	35.25	2.35	0.18	0.06	49.08	29.85	2.34

根据化分结果，由 CaO 储量与烧失后的 CO_2 可得知，$CaCO_3$ 含量为 65.1%。烧失量，还有一部分是水，即此材料在风干后仍有近20%的水分。

180

固体碱渣易溶盐的化学成分，即由碱渣浸提液化学分析可得其中易溶盐的离子含量如表5.2.2，并据此获得易溶盐化合物的组成如表5.2.3。

表 5.2.2　易溶盐的离子含量

阳离子	Ca^{2+}	Mg^{2+}	Na^+	K^+	总量	pH 值 9.2
含量（mg/100g）	4 248.1	83.6	96.3	9.77	4 661.1	
阴离子	HCO^{3-}	CO_3^{2-}	SO_4^{2-}	Cl^-	总量	干涸残渣
含量（mg/100g）	0	18.8	250.5	7 709.1	7 978.4	13 880

表 5.2.3　易溶盐化合物组成

化合物	$CaCl_2$	$MgCl_2$	$CaSO_4$	NaCl	Na_2CO_3	KCl
占易溶盐（%）	92.3	3.08	2.34	1.60	0.28	0.11
占废料（%）	12.8	0.43	0.32	0.20	0.04	0.02

易溶盐化学分析表明废料为碱性材料，其 pH 值为9.2，其总含盐量为13.88%。盐类主要成分是 $CaCl_2$，占易溶盐的92.3%，其他盐类占7.7%。包括 $CaSO$、$MgCl_2$、NaCl，后几种盐在固体废渣中的含量均小于0.5%。由于碱性作用，估计碱渣对钢筋砼不易造成腐蚀。下面将通过试验来表明这一点。

5.2.1　碱渣对水泥砂浆的腐蚀性

试验方法：用425#普通硅酸盐水泥、按水泥：砂：水 = 1：2.5：0.5 比例配制砂浆并成型，试件尺寸 4 cm×4 cm×16 cm。养护28天后，将其中一半试件浸泡在清水中，一半试件浸泡在碱渣溶液中，各3组，每个月检查一组，包括外观检查和抗折试验，得到浸泡清水中的试件和浸泡在碱渣溶液中的试块抗折强度，同龄期相应两组试件抗折强度之比即为抗蚀系数 K。

$$K = \frac{试块在碱渣溶液中浸泡后抗折强度}{试块在清水中浸泡的抗折强度}$$

此系数既表征了碱渣对水泥砂浆的腐蚀程度，也可以用来判断其对混凝土的腐蚀情况。

当 K＜1 时，即表明碱渣对混凝土构件造成了腐蚀。

对浸泡一个月、二个月、三个月的试件分别进行抗折试验，得到相应龄期的抗折强度和抗蚀系数。结果见表5.2.4。

表 5.2.4　碱渣溶液对水泥砂浆的腐蚀情况

| 龄期（月） | 试块的抗折强度（Mpa） | | 抗蚀系数 K |
	清水浸泡	碱渣溶液浸泡	
1	0.790	7.98	1.01
2	0.755	7.85	1.04
3	0.790	8.55	1.08

试验结果表明碱渣未对水泥砂浆造成强度降低，不会对混凝土造成强度破坏。其主要原因如下：

当水泥混凝土受到环境水的侵蚀时，一般有两种方式：一是发生在混凝土内部，环境水中的化合物与水泥中的矿物成分发生化学反应生成盐类结晶引起膨胀，使混凝土开裂破坏，这为膨胀性腐蚀；另一类是腐蚀性物质通过水溶液带到混凝土上使其表面生成可溶性的盐，溶解出来造成混凝土结果疏松破坏，这为溶解性腐蚀。

本试验是研究混凝土在碱渣介质环境中的腐蚀情况，其发生腐蚀的破坏性反应可由混凝土的组分如水泥和碱渣的成分所引起。碱渣是天津碱厂的废渣，它的成分中 $CaCO_3$、CaO 的含量占了 50% 以上，我们用碱渣制备出来的碱渣饱和溶液，其主要成分为 $CaCO_3$ 和 $Ca(OH)_2$；而本试验所采用的硅酸盐水泥 50% 以上由硅酸三钙组成，水化作用为：

$$2(3CaO \cdot SiO_2) + 6H_2O \rightarrow 3CaO \cdot 2Si_2 \cdot 3H_2O + 3Ca(OH)_2,$$

可以看出，碱渣溶液的主要成分与水泥熟料的水化产物作用不会生成盐类结晶或可溶性的盐，也不会发生膨胀性腐蚀和溶解性腐蚀。

另外，从我们三个月龄期的砂浆腐蚀试验结果来看，其抗蚀系数均接近 1，由此可知，混凝土在碱渣介质环境中受到腐蚀的可能性很小。

5.2.2　碱渣对钢筋的锈蚀

试验方法：将 20 根直径 6 mm，长 100 mm 的光亮无锈钢筋埋设在砂浆试块中，砂浆采用 425#普通硅酸盐水泥，水泥：砂：水 = 1：2.5：0.55。试块尺寸 4 cm × 4 cm × 16 cm，养护 28 天后开始锈蚀试验。

试验的基本原理是模拟实际工程中钢筋的腐蚀环境，即干湿交替，并用适当提高温度的方法加快其腐蚀速度。经若干次干湿循环后打碎试块，取出钢筋，观察其表面锈蚀情况，测出钢筋锈蚀和钢筋失重率两项指标，来评价碱渣对钢筋的腐蚀性。

参照港口工程技术规范，采用浸烘循环的方法进行钢筋锈蚀试验。再浸烘循环历时 24 小时，在碱液中浸泡试件 16 小时，然后在烘箱中烘烤 8 小时，烘烤温度 55℃±2℃。对比试件在自来水中浸泡，在同样条件下烘干，每经 30 次浸烘循环，劈开试件，观察碱渣浸泡和自来水浸泡条件下钢筋锈蚀情况，检测其锈蚀率和失重率。试验见表 5.2.5。

表 5.2.5　碱渣对钢筋锈蚀试验情况

项　目	循环次数		
	25	60	90
锈蚀率	0	0	0
失重率	0	0	0
锈蚀判断	未锈蚀	未锈蚀	未锈蚀

试验结果表明，碱渣未对钢筋造成锈蚀。原因解释如下：

引起钢筋锈蚀的原因主要是钢筋与外部介质发生电化学作用，而在混凝土中钢筋处于高碱性环境中，钢筋表面形成钝化膜，使钢筋处于高抗锈蚀的状态，若当混凝土中的碱性 pH 值降低到 11.8 或更低时，钢筋的钝化膜变得不稳定，甚至被破坏，钢筋就会发生锈蚀了。另外，在氯化物作用下，即使钢筋已正确放置在碱性环境中，在某些情况下，钢筋仍可能锈蚀。

我们的试验介质为碱渣溶液，应该说是碱性环境，虽然其中存在 10% 的 $CaCl_2$ 和 1% 的 NaCl，但由于浸泡在碱渣溶液中的砂浆试块变得致密，而且 Cl^- 含量很低，使得 Cl^-。进入砂浆与钢筋发生电化学反应的可能性很小或者说需要很长时间。

因此，在我们三个月龄期的试验中，即使采用浸烘循环力图加快其腐蚀速度，钢筋仍没被锈蚀。

6 碱渣土对生态环境的影响

6.1 概况

6.1.1 目的和意义

　　天津碱厂自1917年建厂以来产成的碱渣山不仅困扰着碱厂的发展，而且影响着本地区的生态景观，占用土地，影响和阻碍该地区城市的开发、建设和经济发展。天津碱厂目前利用碱渣制工程土是使碱渣变废为宝、综合利用，逐渐消灭碱渣山、恢复地貌的有效途径之一，为提高天津市工业固体废弃物综合利用率，城市环境综合整治做了巨大努力。为此，从保护天津市的土地资源、保护土壤生态环境质量目标出发，我们对碱渣制工程土回用地区及碱渣的堆存对环境的可能影响进行监测分析，以期为环境主管部门提供科学决策的依据。

6.1.2 监测区域环境基本特征

　　监测区位于天津经济技术开发区，本区地处天津市东南部，海河下游，东临渤海，地势低平，坡降为万分之三以下，海拔标高为 1.2 ~ 2.4 m，为河流冲积与海相沉积相互作用所成，土壤类型为滨海盐土。由于受海水浸渍影响，土壤盐分含量较高，地下水埋藏浅，一般在 1 m 左右。主要植被有黄须、马绊草、柽柳、芦苇等一些耐盐植物。自1984年，本区建成了天津经济技术开发区，为抬高地面，本区人工垫土约 1.5 m 左右，土质来源于塘沽区新河、于庄子、胡家园、陈圈和四道桥等地。

　　目前天津碱厂排放的新碱渣已开始占用沿海滩涂，而新建堆存场地按目前生产规模只能使用 7 年，碱渣的堆存对本区的土壤生态环境和滨海自然景观构成了一定的威胁，急需对其进行综合治理。

6.1.3 碱渣的成分分析

　　据有关资料，碱渣（混合样品）含盐量 5.26% ，pH 值 9.2，水分 180% ，

$CaCO_3$ 36% ~ 61%，CaO 6% ~ 15%，$CaCl_2$ 5% ~ 16%，$Mg(OH)_2$ 4% ~ 13%，SiO_2 5% ~ 10%，Al_2O_3 2% ~ 4%，$CaSO_4$ 1% ~ 6%，$NaCl$ 0.4% ~ 7%，Fe_2O_3 0.4% ~ 1%。上述数据表明，碱渣主要为 Ca、Mg 的化合物，碱渣含水量很高，颗粒很细，孔隙多，保水性能强，不易脱水，渗透性能差。

另据有关资料，碱渣经浸提试验所得的化学组分参见表 6.1.1、6.1.2。

表 6.1.1　碱渣中易溶盐的离子含量

阳离子	Ca^{2+}	Mg^{2+}	Na^+	K^+	pH 值	总量
含量（mg/100g）	4 248.1	83.6	96.3	9.77	9.2	4 661.1
阴离子	HCO^{3-}	CO_3^{2-}	SO_4^{2-}	Cl^-	干涸残渣	总量
含量（mg/100g）	0	18.8	250.5	7 709.1	13 880	7 978.4

表 6.1.2　碱渣中易溶盐化合物组成

化合物	$CaCl_2$	$MgCl_2$	$CaSO_4$	$NaCl$	Na_2CO_3	KCl
占易溶盐（%）	92.3	3.08	2.34	1.60	0.28	0.11
占废料（%）	12.8	0.43	0.32	0.20	0.04	0.02

碱渣浸提液中阳离子主要为钙、镁、钠离子，阴离子主要为氯离子，其次为硫酸根离子。总含盐量为 13.88%，盐类主要成分为 $CaCl_2$，碱渣中的 $CaCl_2$ 可大部分溶出，占易溶盐的 92.3%，其他盐类占 7.7%，而且碱渣中有 12.8% 的氯化钙，氯离子易溶出将对环境造成不利影响，有可能造成本区土壤盐分的累积。

6.1.4　监测因子的选择

根据碱渣成分和其浸提液中易溶盐组分及其相关资料，我们确定监测因子为：钠、钙、镁、钾、氯离子、硫酸根离子、碳酸根离子、碳酸氢根离子、全盐量、pH 值、汞、砷、铜、锌、镍、钴、锰、钡、锶、钒、铬、锂、铍、镱等共计 24 项。

6.1.5　布点采样

碱渣、土壤、地表水、地下水等样品采样点位的布设见图 6.1.1。样品采集方法如下：

（1）碱渣采自老渣山、3#汪子、6#汪子，采集 0 ~ 30 cm 混合样和 0 ~

120 cm 剖面混合样；

（2）工程土采自回用现场的混合样；

（3）对照点土壤采自金泰小区和东沽，深度为 0～120 cm，每 20 cm 取一混合样，其他土壤采自老渣山周围（0～20 cm、100 cm），碱渣回填场地（朝阳新村家属区），深度为 0～200 cm。

（4）地表水采自于老渣山北部；地下水采自于朝阳新村家属区南 50 m、400 m 处地下水及老渣山东 200 m、十一大街处地下水；

（5）另外我们采取了工程土配方中的粉煤灰、增钙灰样品，以了解配方中成分对工程土的贡献。

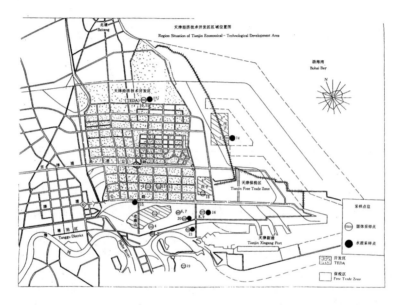

图 6.1.1   碱渣及其周围环境样品采样点位示意图

1 老碱渣山	2 3#汪子
3 工程土一号试验地	4 老渣山南 100 m
5 老渣山南 100 m	6、7 老渣山东 50 m
8、9 老渣山东 200 m	10 11 十一大街
12 13 金泰小区南 100 m	14 3#汪子渗滤水
15 老渣山北 150 m 地表水	16 老渣山东 200 m 地下水
17 十一大街地下水	18 6#汪子
19 东沽工程土回填地	20 朝阳新村家属区南 50 m 土壤、地下水
21 朝阳新村家属区南 400 m 土壤、地下水	

186

6.2 分析方法及结论

6.2.1 分析方法

碱渣、工程土按照国家固体废弃物毒性浸出试验方法做浸提试验，测定浸提液中组分含量。浸提液的制备是称取 100 克 20 目固体，加入 1 000 ml 蒸馏水在室温下水平振荡 8 小时后过滤。

选用的分析方法：

K、Na、Ca、Mg、Ba、Sr、V、Be、Ni、Cu、Zn、Co、Cr、Mn、Li、Y
ICP 等离子体发射光谱法

氯离子	硝酸银滴定法
全盐量	残渣烘干法
pH 值	玻璃电极法
碳酸根、碳酸氢根离子	滴定法
硫酸根离子	重量法
Hg	冷原子吸收法
As	银盐法

6.2.2 监测结果分析

1）碱渣、工程土浸提液中各组分含量见表 6.2.1

表 6.2.1　碱渣及工程土浸提液中各组分含量　　单位：mg/100g 土

采样点位 \ 项目	pH	全盐量	CO_3^{2-}	HCO_3^{2-}	Cl^-	SO_4^{2-}
老渣山	9.0	12 140			4 680	
南疆现场碱渣	8.94	9 630	未检出	9.1	4 785.7	856.18
3 号汪子（0~120cm）	11.1	22 540			11 800	
6 号汪子（0~120cm）	8.81	20 562	未检出	15.1	9 518.3	451.68
6 号汪子（0~30cm）	7.93		未检出	12.1	15 102	948.31
工程土（1 号试验地）	9.9	11 030			4310	
工程土（东沽）	8.14	8 872	未检出	18.1	6 912.7	901.12
现场粉煤灰	12.44	626	29.7	未检出	27.6	238.20
增钙灰	8.24	10 940	8.9	未检出	6 561.8	140.96

采样点位 \ 项目	K+ (mg/100g 土)	Na+ (mg/100g 土)	Ca2+ (mg/100g 土)	Mg2+ (mg/100g 土)	Zn (mg/100g 土)	Be (mg/100g 土)
老渣山		2620	5720	1.194		
南疆现场碱渣	34.0	668.0	22.83	18.9	0.008	<0.005
3 号汪子 (0~120cm)		960	2840	4.891		
6 号汪子 (0~120cm)	102.0	1900	3491	34.3	0.008	<0.005
6 号汪子 (0~30cm)	83.1	3036	5646	29.5	0.005	<0.005
工程土 (1 号试验地)		980	3910	9.950		
工程土（东沽）	55.6	1268	2740	57.4	0.008	<0.005
现场粉煤灰	14.1	30.1	205	0.704	0.011	<0.005
增钙灰	66.5	1160	2587	9.77	0.005	<0.005

续表 6.2.1　碱渣及工程土浸提液中各组分含量　　　　单位：mg/L

采样点位 \ 项目	Li	Y	Ba	Sr	V	Ni	Cu	Co	Cr	Mn
南疆现场碱渣	0.074	0.046	0.189	2.38	0.316	0.160	0.106	0.081	0.009	0.015
6 号汪子 (0~120cm)	0.091	0.056	0.194	5.02	0.365	0.176	0.143	0.091	0.012	0.016
6 号汪子 (0~30cm)	0.121	0.078	0.129	5.29	0.457	0.234	0.199	0.131	0.049	0.026
工程土（东沽）	0.319	0.045	0.121	5.05	0.363	0.161	0.104	0.083	0.017	0.029
现场粉煤灰	0.412	0.021	0.309	1.59	0.233	0.130	0.040	0.063	0.226	0.019
增钙灰	0.488	0.051	0.442	9.91	0.322	0.175	0.123	0.093	0.054	0.015

　　浸提液中金属元素含量与国家《危险废物鉴别标准——浸出毒性鉴别》（GB 5085.3 - 1996）中浸出毒性鉴别标准比较，Hg、As、Cr、Cu、Zn、Ni、Be 等均低于控制标准（其他几项尚无标准）。

浸出毒性鉴别标准 （GB 5085.3－1996）

项目	浸出液的最高允许浓度（mg/L）
汞及其化合物（以总汞计）	0.05
砷及其化合物（以总砷计）	1.5
总铬	10
六价铬	1.5
铜及其化合物（以总铜计）	50
锌及其化合物（以总锌计）	50
钡及其化合物（以总钡计）	100
镍及其化合物（以总镍计）	10
铍及其化合物（以总铍计）	0.1

碱渣工程土浸提液中盐基离子含量与碱渣浸提结果比较可见：

（1）pH 值：东沽工程土中 pH 值比现场碱渣降低了 0.8 个单位，新渣 3 号汪子比老渣 pH 值高两个单位，而工程土配方中粉煤灰的 pH 值较高，达 12.44。

（2）全盐量：东沽工程土比现场碱渣低 758 mg/100g 土、比新渣低 13 668 mg/100g 土，比增钙灰低 2 068 mg/100g 土；1 号试验地工程土比老渣稍低，比新渣低 11 510 mg，100g 土；

（3）钙：工程土中钙和碱渣中钙在阳离子组成中含量均最高，趋势一致。其次为 Na、K、Mg。

东沽工程土中的钙比现场碱渣高 457 mg/100g 土，增加了 20%，但低于 6 号汪子，与 3 号汪子相当；钙储量老渣与 6 号汪子相当，以 3 号汪子最低；

（4）钠：东沽工程土比现场碱渣增加了 600 mg/100g 土，低于老碱渣一倍，1 号试验地工程土中的钠比老碱渣降低了 1 640 mg/100g 土，其含量与 3 号汪子中钠相当。

（5）钾、镁：工程土与现场碱渣相比，钾的含量增加了 63%，镁增加了两倍；

（6）氯：工程土中氯离子含量为 4310－6912.7 mg/100g 土，老渣中氯离子含量为 4680～4785.7 mg/100g 土，工程土中的氯与老渣相比，氯离子含量有所升高；

（7）粉煤灰中的阳离子、阴离子含量均较低，因此认为工程土中盐基离子的贡献主要为碱渣以及配方中的增钙灰；

综上分析：碱渣工程土经浸提试验，其浸提液中的全盐含量、pH 值下降，而钙、钠、钾、镁、氯化物含量增加，钾、钙、镁的增加对改善土壤结构是十分有利的，但应该注意氯化物的增加对土壤环境的潜在影响。

2）碱渣回填地区周围土壤监测结果见表 6.2.2

（1）从表 6.2.2 中数据分析得知：

老渣山周围土壤渣山南、东 50～200 m 范围，pH 值比对照点高近一个单位；老渣山 200 m 范围内土壤中钠含量小于本区滨海盐土中的钠（十一大街对照点），比对照点低 3 倍；钙大于本区盐土中的钙，平均比对照点钙高一倍；镁与本区盐土中的含量相当，氯的含量比对照点平均低 2.6 倍；全盐量远低于本区盐土，一般比对照点低 2～5 倍。

家属区南 50 m、400 m 与南疆对照点比较可见：

pH 值：表层都较接近，50 m 与 400 m 深层土壤 pH 值也较对照点稍低；

全盐量：400 m 处比 50 m 处低一个数量级，400 m 处全盐量范围 $3.6 \times 10^3 \sim 5.2 \times 10^2$ mg/100g 土，50 m 处全盐量范围 $1.5 \times 10^3 \sim 3.2 \times 10^3$ mg/100g 土，对照点全盐量范围 $2.5 \times 10^3 \sim 2.7 \times 10^3$ mg/100g 土，综合起来看，50～400 m 范围内土壤的全盐量均低于本区对照点土壤全盐量，为正常含量水平，说明碱渣回填目前尚未造成土壤盐分的累积。

氯离子：

50 m、400 m 处土壤中的氯离子含量远低于对照点；

50 m 处土壤中氯离子含量只相当于对照点土壤中氯离子的 3/5；

400 m 处土壤中氯离子含量则仅相当于对照点土壤中氯离子的 1/10；

土壤中硫酸根离子含量趋势同氯离子。在 50 m 处 50～100 cm 这一土层中硫酸根离子含量比较异常，高于对照点，而这一土层中正是碱渣回填的部分。

从阳离子组成看：钙在 50 m 和 400 m 土壤中的含量是对照点的 1.9～2.8 倍。其他如 K、Na、Mg 均与对照点含量相当。

综上分析，碱渣山周围土壤和碱渣回填地区周围土壤中的全盐含量未见增加，而氯离子含量远低于本区对照点土壤中的氯，K、Na、Mg 含量与对照点含量相当，在碱渣山周围和碱渣回填区周围土壤中钙含量有所增加，这对改善本区土壤结构及其理化性状是十分有利的。

表6.2.2 土壤中各组分含量

点位\项目	pH	全盐 (Mg/100g)	HCO_3^- (Mg/100g)	Cl^- (Mg/100g)	SO_4^{2-} (Mg/100g)	As (Mg/100g)	Hg (Mg/100g)	Zn (Mg/100g)
南疆对照点　0~20cm	8.27	2.707×10^3	24.2	1.464×10^3	271.69	8.72	0.0710	110
20~40cm	8.41	2.646×10^3	25.7	1.344×10^3	283.15	9.43	0.0014	87.3
40~60cm	8.28	2.562×10^3	27.2	1.291×10^3	276.41	6.13	0.0312	91.2
60~80cm	8.38	2.561×10^3	25.7	1.278×10^3	271.91	5.13	0.0114	93.1
80~100cm	8.30	2.561×10^3	24.2	1.305×10^3	305.62	6.77	0.0313	91.1
100~120cm	8.36	2.741×10^3	30.2	1.398×10^3	336.52	7.28	0.0511	97.2
家属区南 50米　0~50cm	8.13	1.475×10^3	18.1	6.709×10^2	204.50	3.54	0.2699	102
50~100cm	7.88	2.197×10^3	21.1	7.881×10^2	541.58	2.81	0.3192	116
100~120cm	7.48	3.209×10^3	18.1	9.851×10^2	800	5.32	0.9949	43.0
120~140cm	7.68	1.584×10^3	21.1	8.254×10^2	164.05	8.10	0.0908	111
140~200cm	7.92	1.554×10^3	21.1	8.786×10^2	67.42	4.13	0.0213	97.0
家属区南 400米表层	8.18	3.620×10^2	30.2	1.358×10^2	92.14	7.83	0.2701	89.4
150cm	8.17	5.220×10^2	30.2	2.183×10^2	125.85	6.15	0.2001	117
老渣山南 50米　0~20cm	9.0	15.22×10^3		8.57×10^3				
老渣山南 100米　0~20cm	9.1	9.21×10^3		4.58×10^3				
老渣山东 50米　0~20cm	10.4	5.84×10^3		2.72×10^3				
100cm	9.3	8.21×10^3		4.15×10^3				
老渣山东 200米　0~20cm	9.0	2.84×10^3		0.91×10^3				
100cm	7.9	1.95×10^3		0.44×10^3				
十一大街对照点　0~20cm	8.6	19.7×10^3		8.47×10^3				
20~40cm	8.3	11.84×10^3		4.31×10^3				

续表6.2.2 土壤中各组分含量

点位\项目	K (mg/kg)	Na (mg/kg)	Ca (mg/kg)	Mg (mg/kg)	Be (mg/kg)
南疆对照点					
0~20cm	1.88×10^4	1.86×10^4	3.10×10^4	1.98×10^4	2.71
20~40cm	1.95×10^4	1.83×10^4	3.08×10^4	1.98×10^4	2.65
40~60cm	1.52×10^4	1.64×10^4	3.28×10^4	1.93×10^4	2.68
60~80cm	2.25×10^4	1.63×10^4	3.05×10^4	1.98×10^4	2.78
80~100cm	2.49×10^4	1.65×10^4	3.35×10^4	2.09×10^4	2.78
100~120cm	2.60×10^4	1.72×10^4	3.52×10^4	1.94×10^4	2.96
家属区南50 m					
0~50cm	1.85×10^4	1.13×10^4	8.69×10^4	2.38×10^4	2.59
50~100cm	1.89×10^4	1.17×10^4	8.04×10^4	1.45×10^4	2.69
100~120cm	1.36×10^4	0.80×10^4	5.15×10^4	0.58×10^4	1.35
120~140cm	1.57×10^4	1.08×10^4	4.22×10^4	1.52×10^4	2.90
140~200cm	2.23×10^4	1.23×10^4	3.36×10^4	1.74×10^4	2.78
家属区南400 m					
表层	3.05×10^4	2.27×10^4	5.79×10^4	0.84×10^4	4.12
150cm	2.50×10^4	1.26×10^4	5.69×10^4	1.38×10^4	3.26
老渣山南50 m					
0~20cm		2.06×10^4	0.99×10^4	1.23×10^4	

点位\项目	K（mg/kg）	Na（mg/kg）	Ca（mg/kg）	Mg（mg/kg）	Be（mg/kg）
老渣山南100 m 0~20cm		0.99×10^4	14.5×10^4	1.78×10^4	
老渣山东50 m 0~20cm		1.16×10^4	14.6×10^4	1.24×10^4	
老渣山东50 m 100cm		1.37×10^4	6.90×10^4	1.10×10^4	
老渣山东200 m 0~20cm		1.07×10^4	5.90×10^4	1.26×10^4	
老渣山东200 m 100cm		1.09×10^4	5.42×10^4	1.43×10^4	
十一大街对照点 0~20cm		3.53×10^4	8.01×10^4	1.70×10^4	
十一大街对照点 20~40cm		1.96×10^4	4.44×10^4	2.26×10^4	

续表 6.2.2　土壤中各组分含量

单位：mg/kg

	Li	Y	Ba	Sr	V	Ni	Cu	Co	Cr	Mn
南疆对照点										
0–20cm	42.4	16.8	494	186	122	40.9	33.7	16.6	127	961
20–40cm	43.9	22.2	455	207	105	39.9	23.7	15.8	77.8	938
40–60cm	45.8	19.0	437	191	106	41.8	18.9	16.3	91.9	828
60–80cm	45.2	23.1	412	194	123	41.9	65.7	17.1	86.9	899
80–100cm	45.6	30.6	446	199	122	41.4	17.5	16.9	94.6	900
100–120cm	46.8	22.6	453	202	131	45.1	19.3	18.2	93.6	927
家属区南 50 m										
0–50cm	46.0	25.6	507	341	95.2	31.4	23.6	13.4	71.9	543
50–100cm	45.5	23.6	422	348	93.2	31.6	23.1	13.6	61.9	549
100–120cm	24.2	8.47	54.0	76.3	65.3	18.1	19.7	8.08	58.1	156
120–140cm	47.2	25.7	410	169	126	47.9	52.1	18.3	110	749
140–200cm	44.5	15.0	395	168	120	45.1	22.9	17.4	83.8	894
家属区南 400 m										
表层	28.1	16.8	817	273	70.7	29.1	20.8	12.3	57.5	458
150cm	46.0	23.7	561	276	121	44.4	38.6	18.1	137	772

（2）天津市滨海盐土中元素背景值见表6.2.3。

表 6.2.3　天津市滨海盐土中元素背景值　　　　单位：mg/kg

元素	Hg	As	Zn	K（%）	Na（%）	Ca（%）
含量均值	0.057	10.26	96.61	2.45	1.53	2.59
95%范围值	0.004~0.870	8.5~12.02	56.36~165.0	1.60~2.80	1.60~2.26	1.60~3.96
元素	Mg（%）	Be	Li	Ba	Sr	V
含量均值	1.74	2.60	44.67	472.5	188.0	80.59
95%范围值	0.69~1.82	2.2~3.00	36.34~52.98	397.6~547.4	159.2~216.8	70.7~91.87
元素	Ni	Cu	Co	Cr	Mn	Y
含量均值	36.82	30.68	16.78	85.84	759.60	4.53
95%范围值	29.19~44.45	26.32~35.09	1.85~20.71	67.64~104.0	594.98~924.22	4.52~4.55

资料来源：① 1990. 天津市土壤环境背景值研究（总报告）。

　　　　　② 1994. 天津市长芦大港盐场一期工程环境影响评价。

　　　　　③ 1982. 天津市土壤普查工作报告。

　　由表6.2.2与表6.2.3比较可见，本次调查的土壤中的元素含量镱（Y）比滨海盐土中元素背景值平均高4.4倍，汞（Hg）只有家属区南50 m 50~100 cm土层中超过背景值范围0.1249 mg/kg，比95%位值高14%；铍（Be）在400 m处土层中超过95%范围值8.7%~37%；钡（Ba）在400 m表层土中的含量超过95%范围值49%；锶（Sr）在50米、400 m处150 cm以上土层中的含量比背景值稍高。

　　其他元素 As、Cr、Co、Zn、Cu、K、Na、Mg、Li、V、Ni、Mn 等在距碱渣回填区50 m和400 m土层中的含量均相当于本区滨海盐土中的背景值或与南疆对照点土壤的含量相当。

　　在所检测的十几种元素中，个别元素含量高于本区土壤的背景值，说明本区土壤来源较复杂，造成土壤中元素含量增高的原因极可能是本区回填的黄土引起的。

　　（3）塘沽经济开发区的建设回填黄土来源于塘沽区于庄子等乡的土壤，回填土中几项指标如下：

　　　　钠　　　　0.8%~1.0%

　　　　钙　　　　2%~3%

镁	0.9% ~ 1.1%
全盐量	0.15% ~ 0.26%
氯	0.035% ~ 0.071%
pH 值	8.19 ~ 8.32

据有关资料计算出的碱渣（混合样）中钠、钙、镁、氯、全盐量大致含量范围如下：

钠	0.15% ~ 2.37%
钙	18% ~ 68%
镁	0.77%
氯	0.24% ~ 4.27%
全盐量	5.26%
pH 值	9.2

该回填土与碱渣中几项指标对比可见：①钠与碱渣中钠的波动值相当；②钙远低于碱渣中钙的总量；③镁与碱渣中含量相当；④全盐量远低于碱渣中总含盐量；⑤氯远低于碱渣中氯的含量；⑥pH 值低于碱渣的pH 值。

因此可见，如果没有排咸工程措施，受本区长期地下盐水的影响，无论是轻度盐渍土壤还是碱渣工程土回填本区都将逐渐转变为盐土类型。

3）地表水、地下水监测结果见表6.2.4

（1）从表6.2.4 监测结果分析，本区十一大街对照点地下水中的钠、镁、氯、全盐量均比碱渣渗滤水、渣山周围地表水、50 ~ 400 m 地下水中相应指标高很多。具体来讲，对照点地下水中的钠是碱渣渗滤水中钠的2.3 倍，是其他点位地表水，地下水中钠的4.1 ~ 93 倍；对照点地下水中的镁是碱渣渗滤水中镁的370 倍，是其他点位水中镁的91 ~ 2 829 倍；对照点地下水中的氯是碱渣渗滤水中氯的3 倍，是其他点位水中氯的9 ~ 188 倍；全盐量：对照点是渗滤水的3 倍，是其他点位水中全盐量的5 ~ 188 倍。

钙的含量：碱渣渗滤水中最高，达3 820 mg/L，其他点位地下水中钙均低于对照点和地表水中的钙，距碱渣回填区400 m 处地下水中的 HCO_3，SO_4^{2-} 含量均高于50 m 处的含量，这是受海水影响所致。

表 6.2.4　地表水、地下水中各组分含量(mg/L)

采样地点	pH值	全盐	CO₃²⁻	HCO₃⁻	Cl⁻	SO₄²⁻	As⁺	Hg²⁺	Ba²⁺	Sr²⁺	K⁺	Na⁺	Ca²⁺	Mg²⁺	Cr⁶⁺	Cu²⁺	Mn²⁺	Zn²⁺	Fe³⁺
3号汪子碱渣渗滤水	11.2	120 160			72 800							14 700	38 200	130					
四号路老渣山北150 m地表水	7.5	70 850			39 300							8 410	20 200	110					
三号老渣山北200 m地下水	8.8	1 920			640							370	190	17					
朝阳新村南50 m地下水	6.95	56 002	未检出	133	24 726	811.2	0.008	0.004 5	0.727 7	<0.005	508	8 349	8 733	521	0.677	17.42	3.688	<0.007	5.574
朝阳新村南200 m地下水	7.61	16254	未检出	526	6 514	1 156.1	0.005	0.000 2	0.794 4	<0.005	508	8 349	8 802	525	0.366	17.00	3.700	<0.007	4.017
十一大街对照点地下水	6.4	360 470			223 300							34 500	15 600	48 100					

计算出的四个点位钠吸附比（SAR 值）如下：

距碱渣回填区 50 m 处   SAR = 23.4   中等（尚好）

距碱渣回填土 400 m 处   SAR = 23.4   中等（尚好）

3#汪子碱渣渗滤水   SAR = 20.6   中等（尚好）

本区对照点地下水   SAR = 30.8   劣

从 SAR 值看出，本区对照点地下水水质较劣，对几乎不含有黏粒或几乎仅含有非膨胀型黏粒的土壤不可承受。而碱渣回填区地下水质尚好，说明碱渣回填尚没有造成地下水质变坏，碱渣在自然降水淋溶，径流条件下对环境影响较小，这主要是碱渣中钠低，钙镁含量高，三者的比例较好。

（2）地下水中重金属元素现状监测结果表明，按《GB/ 14848 - 93》地下水环境质量标准，朝阳新村南 50 米处地下水中：

As、Zn   符合 I 类水质标准

Ba   符合 III 类水质标准

Hg、Cr、Cu、Mn、Fe 符合 V 类水质标准

朝阳新村南 400 m 处地下水中：

Zn   符合 I 类水质标准

As、Hg   符合 II 类水质标准

Ba   符合 III 类水质标准

Cr、Cu、Mn、Fe   符合 V 类水质标准

由此可见，监测区潜水中某些金属元素含量较高，特别是 Cu、Fe、Mn、的含量异常，已经受到了污染。

碱渣、工程土浸提液中元素含量与监测区地下潜水中元素含量对比分析：

① 砷的含量：碱渣、工程土浸提液与地下水中含量相当；

② 汞的含量：碱渣、工程土浸提液相当于地下水中含量的 1/45；

③ 锌的含量：碱渣、工程土浸提液相当于地下水中含量的 60 倍；

④ 钡的含量：碱渣、工程土浸提液相当于地下水中含量的 1/5；

⑤ 铬的含量：碱渣、工程土浸提液相当于地下水中含量的 1/30；

⑥ 铅的含量：碱渣、工程土浸提液相当于地下水中含量的 1/170；

⑦ 锰的含量：碱渣、工程土浸提液相当于地下水中含量的 1/185。

从上述分析得知，除碱渣、工程土浸提液中锌的含量高于地下水中锌的含量外，汞、钡、铬、铜、锰等元素碱渣及其工程土经浸提出来的含量均远低于地下潜水中相应元素的现状浓度，但锌一般不易迁移下去。因此，可以认为，监测区地下潜水中某些元素含量高不是由于碱渣或工程土回填造成的。

分析监测区潜水中某些金属元素含量较高的原因，有如下几个方面：

① 潜水水质受本区工业废水、生活污水跑漏的影响；

② 潜水直接接受大气降水补给，将有害物质带入潜水中；

③ 近年来渤海湾海水中 Hg、Cr、As 在入海口处有较高含量，海水对塘沽区潜水的补给是造成潜水中有害物质偏高的一个因素。

本区潜水属高矿化度水，为非饮用水源，参照国家海水水质标准（GB3097—82）第三类，所监测的元素 As、Zn、Hg、Cr 均低于此标准。

6.2.3 碱渣制工程土利用的可能影响分析

（1）依据前面资料，我们分别计算了碱渣、工程土及其浸提液和本区滨海盐土的钠吸附比（SAR 值）。

老碱渣 SAR = 9.0，老碱渣浸提液 SAR = 9.53，碱渣工程土浸提液 SAR = 6.5。本区滨海盐土 SAR 平均 21.6。

从计算的 SAR 值可以看出，老碱渣及其浸提液的 SAR 值接近 10，其直接回用于土壤不利，而碱渣工程土浸提液 SAR < 10，回用于土壤的可能性较大，本区盐土的 SAR 值很高，钠、钙、镁比例不当，土壤高度碱化。

上述钠吸附分析表明碱渣工程土可以回用于本区，并且可明显增加土壤中的钙含量，从而改善土壤中的理化性状。

（2）碱渣工程土中含有一定的碳酸根，硫酸根和氯离子，碳酸根浸出浓度的高低代表着工程土溶液的碱度，适当的碱度可以缓冲植物细胞体内叶绿素光合作用下的 pH 变化，同时碳酸盐可能与某些有毒重金属进行络合作用而降低其毒性、碱度，还可以直接提高水体中钠的相对比例。碳酸钠的危害比氯化钠、硫酸钠大，硫酸根过多积累危害农田生态，使土壤溶液渗透压增高，阻碍植物对水分和养分的吸收。土壤盐渍化，氯离子对重金属的络合作用，将提高难溶重金属的溶解度，降低土壤胶体对重金属的吸附，对环境再次污染影响较大。

基于上述原因，对于工程土应用于开发区园林绿化就应特别重视这些阴离子的影响，一是增加钙、镁离子总量，降低其碱度，二是增加排盐措施，防止对植物产生毒害。

6.2.4 结论及建议

通过对碱渣、工程土及碱渣回填区周围土壤、地下水监测并与相应标准进行比较的综合分析，我们得出如下一些结论：

（1）碱渣（老渣、新排渣）、碱渣制工程土及粉煤灰、增钙灰经毒性浸提试验并参照国家《危险废物鉴别标准——浸出毒性鉴别》（GB5085.3 −

1996）中浸出毒性鉴别标准，其中一些有毒有害金属 Hg、As、Cu、Zn、Ni、Cr、Be 均低于控制标准。

（2）工程土浸提液与碱渣浸提液中盐基离子组成比较得出：

工程土中全盐量：低于老渣，远低于新碱渣；

工程土中钙、钠、钾：比老渣稍高，但低于新渣；

工程土中镁的含量：高于老渣、新渣；

工程土中氯化物含量是老渣的 1.4 倍，但比新渣低 1.37~2.18 倍。

工程土的制备其理化指标有所改善。

（3）碱渣回填地区周围土壤监测结果表明：盐分目前未见累积，氯化物含量远低于本区滨海盐土，钾、钠、镁含量与滨海盐土相当，钙含量有所增加，对本区土壤的改良十分有利；

（4）金属元素中，As、Cr、Co、Zn、Cu、Li、V、Ni、Mn 在碱渣回填区 50~400 m 范围内的土层含量均相当于本区滨海盐土中的含量，为本区土壤背景值，个别元素 Y、Hg、Be、Ba、Sr 高于本区土壤背景值，其原因有可能是回填黄土引起的，但是 Hg 未超过国家土壤环境质量标准（GB15618—1995）二级标准（Y、Be、Ba、Sr 标准尚未制定土壤环境标准）；

（5）由碱渣回填区周围地下水监测分析得出：

监测区地下潜水中符合 III 类以上水质标准的有 As、Zn、Ba、Hg、Cr、Cu、Mn、Fe 达 V 类水质标准，而某些金属元素含量较高并不是由于碱渣及工程土回填造成的，受大气降水补给和本区工业污染源或海水补给的影响较大。

（6）碱渣制工程土可回用于天津滨海地区，用于道路路基、工程建设用土等。

建议碱渣制工程土应用于本区海防垫路、开发区、保税区、滨海新区建设的工程回填用土，用于恢复本区自然地貌，并建议先使用碱渣制工程土，逐渐过渡到利用新碱渣，不应用于饮用水源地和可耕地或环境敏感地区的洪积、冲积平原区以免造成土壤的次生污染、降低土壤环境容量和地表、地下水质恶化。在工程土回用地区应采取长期监控措施。

对于碱渣工程土应用于园林绿化，由于氯化物、碳酸盐、硫酸盐的存在，对植物生长、发育有一定的障碍，宜采取必要的地下工程措施，防止可溶的阴、阳离子对植物的毒害，只要采取适当的工程措施，这些离子毒害是可以控制的。

6.3 绿化实例

天津碱厂是 20 世纪 80 年的老化工企业，多年来地层填垫许多返石、老碱废渣，生产上还要排放一些废气，给绿化工作带来较大难度，在 70 年代厂区内几乎没有几棵树，更没有绿化小区。从 80 年代初期，特别是 1984 年以后，开始摸索绿化试验，经十几年的探索实践，采取几项具体措施。

（1）采用高筑台：平地起土，其高度根据树种而定，一般灌木要 500 ~ 600 mm 左右，植树 1 000 mm 左右。

（2）增设滤水管：塑料滤水管表面有滤水孔外缠玻璃布，使地下有害水滤进水管排出，不影响花草树木的生长。

（3）做垫层：为了使种植土不堵塞小孔、顺利排水，加 200 mm 左右的炉灰渣，效果良好。

到目前为止，天津碱厂绿化总面积达 144 200 m²，绿化率为 10.3%，已绿化面积占可绿化面积的 91.4%。年递增面积为 2 000 m² 左右，年绿化费用为 40 余万元。

绿化品种包括：果树，花灌木，常绿，藤木，草皮等，详见下面照片。

经过多年努力，随着人们不断增加对碱渣的认识，过去认为不可能在碱渣上植树绿化的事如今已成为现实。这一点，对今后老碱渣地及碱渣工程土的广泛应用提供了可靠依据。

照片 6.3.1 生产厂区联碱合成厂房一侧——草坪、黄洋、白蜡树等（1989 年种植）

照片 6.3.2　生产厂区空分车间办公楼前——草坪、黄洋等（1989 年种植）

照片 6.3.3　汽车队门一侧——白蜡树（1986 年种植）

照片 6.3.4　服务公司门前——爬山虎、黄洋、白蜡树等（1990 年种植）

照片6.3.5 天津碱厂煤气站门前——泡桐、杨树（1990年种植）

照片6.3.6 天津碱厂煤气站门前小树林——泡桐、杨树（1990年种植）

照片6.3.7 厂区内花坛——龙爪槐、黄刺梅、月季花、黄洋约25平方米（1990年种植）

照片 6.3.8　厂区内#2 路一侧小树林——白蜡树 （1990 年种植）

照片 6.3.9　花坛中的黄洋、龙爪槐

照片 6.3.10　花坛中的刺梅

照片 6.3.11　汽车队院内桧柏（1986 年种植）

照片 6.3.12　花坛中的连翘（1986 年种植）

照片6.3.13 天碱汽车队院内花坛——葡萄架、月季花、黄洋、紫藤（1986年种植）

照片6.3.14 汽车队院内的芙蓉树（1986年种植）

照片6.3.15 天碱家属宿舍朝阳小区（1991年种植）

照片6.3.16　天津碱厂家属宿舍朝阳楼马路两
旁种植的树木和花坛（1990 年种植）

照片6.3.17　天津碱厂家属宿舍楼前花坛（1991 年种植）

7 碱渣土的工程利用研究结论及其应用建议

7.1 碱渣土的工程利用研究结论

（1）碱渣自身或与增钙灰、粉煤灰、水泥等材料拌和后均可形成碱渣土，碱渣土的颗粒粒径类似于粉土。增钙灰和粉煤灰的掺入有助于碱渣中水分的蒸发散失，并可提高碱渣土的干容重和强度，还可以改善其表观。对于拌和水泥的碱渣土，由于成本高，且其物理力学指标与只拌入增钙灰或粉煤灰的碱渣土相比变化不大，因此不宜大规模应用于工程回填。

（2）碱渣土的比重为 2.32，易溶盐含量为 10% 左右。室内试验结果表明，碱渣土不会对混凝土和钢筋造成腐蚀；通过天然雨水的淋洗作用，可逐渐减少其对绿化的影响。

（3）碱渣土在 7 度地震烈度作用下不会发生液化现象。

（4）经压实后的碱渣土其物理力学性能指标高于一般素土。在最佳压实状态下：

① 最佳含水量区间为 45% ~ 55% 之间，对应的干容重在 8.7 ~ 9.0 kN/m³ 之间。

② 渗透性类似于粉土，属中等渗透性，渗透系数 $k = n \times 10^{-5}$ cm/sec。

③ 抗剪强度较一般素土高，三轴不排水剪指标为黏结力 $c = 36$ kPa，内摩擦角 $\phi = 28.5°$。

（5）碱渣土和二次回填的碱渣土在大规模现场填垫施工条件下，均可满足 80 kPa 的承载力要求。在含水量控制得较好，接近最优含水量的情况下，回填土的地基承载力可达到 150 kPa 以上。

（6）碱渣土在浸水后强度指标 ϕ、c 值减小，从而使地基的承载能力有所降低。

（7）欲获得较高的承载力。可采用无水填垫，严格控制含水量，减小虚铺厚度，增加压实能量等工程措施来实现。

（8）现场试验表明，只要严格按照碱渣土回填操作的技术要求（见附件

1）施工，碱渣土可以代替黄土进行低洼场地的回填。从室内击实试验和现场试验的结果来看，碱渣土在最优含水量下压实后承载力可达到 180 kPa 以上，因此可用作室内房心，车间地坪地基，道路路基回填用土。压实后的碱渣土有较好的工程性能。

（9）鉴于碱渣土具有触变性大、容易风干粉化等不利的工程性质，建议在工程应用中采用双层地基，即在回填的碱渣土表层覆盖一定厚度的黄土，使碱渣土保持一定的含水量，并减缓地表的冲击和振动荷载的影响。

（10）碱渣对建筑物本身不会产生影响，对地下管道、建筑材料在做常规防腐处理下不会产生腐蚀。

（11）对碱渣、工程土及碱渣回填区周围土壤、地下水监测并与相应标准进行比较的综合分析结果表明：

①碱渣（老渣、新排渣）、碱渣制工程土及粉煤灰、增钙灰经毒性浸提试验并参照国家《危险废物鉴别标准——浸出毒性鉴别》（GB5085.3 – 1996）中浸出毒性鉴别标准，其中一些有毒有害金属 Hg、As、Cu、Zn、Ni、Cr、Be 均低于控制标准，

②工程土浸提液与碱渣浸提液中盐基离子组成比较得出：

工程土中全盐量：　　　　　　　低于老渣，远低于新碱渣；

工程土中钙、钠、钾：　　　　　比老渣稍高，但低于新渣；

工程土中镁的含量：　　　　　　高于老渣、新渣；

工程土中氯化物含量是老渣的 1.4 倍，但比新渣低 1.37 – 2.18 倍。

工程土的制备的理化指标有所改善。

③碱渣回填地区周围土壤盐分目前未见累积，氯化物含量远低于本区滨海盐土，钾、钠、镁含量与滨海盐土相当，钙含量有所增加，对本区土壤的改良十分有利；

④金属元素中，As、Cr、Co、Zn、Cu、Li、V、Ni、Mn 在碱渣回填区 50—400 米范围内的土层含量均相当于本区滨海盐土中的含量，为本区土壤背景值，个别元素 Y、Hg、Be、Ba、Sr 高于本区土壤背景值，其原因有可能是回填黄土引起的，但是 Hg 未超过国家土壤环境质量标准（GB 15618 – 1995）二级标准（Y、Be、Ba、Sr 国家尚未制定土壤环境标准）；

⑤由碱渣回填区周围地下水监测分析得出：

监测区地下潜水中符合 III 类以上水质标准的有 As、Zn、Ba、Hg、Cr、Cu、Mn、Fe 达 V 类水质标准，而某些金属元素含量较高并不是由于碱渣及工程土回填造成的，受大气降水补给和本区工业污染源或海水补给的影响较大。

⑥碱渣制工程土可回用于天津滨海地区，用于道路路基、工程建设用

土等。

（12）将天津碱厂碱渣制成工程用土大规模用于天津滨海地区回填，从根本上改善了塘沽城区居民居住环境，减少环境污染，因而环境效益显著。同时天津碱厂的 2.88 km^2 碱渣的清除，将大大提高土地的使用价值，改善塘沽的招商投资环境，这对加速天津滨海地区的经济发展和开发建设具有重大意义。因此碱渣土的工程利用具有显著的社会效益、经济效益和环境效益。

7.2 应用建议

碱渣制工程土应大规模用于本区海防垫路、开发区、保税区、滨海滩涂新区建设的工程回用土，用于恢复本区自然地貌，并建议先使用碱渣制工程土，逐渐过渡到利用新碱渣，不应用于饮用水源地和可耕地或环境敏感地区的洪积、冲积平原区以免造成土壤的次生污染、降低土壤环境容量和地表、地下水质恶化。

在工程土回用地区应采取长期监控措施。

对于碱渣工程土应用于园林绿化，由于氯化物、碳酸盐、硫酸盐的存在，对植物生长、发育有一定的障碍，宜采取必要的地下工程措施，防止可溶的阴、阳离子对植物的毒害，只要采取适当的工程措施，这些离子毒害是可以控制的。

8 天津市塘沽区碱渣治理开发工程

8.1 概述

8.1.1 工程概况

1）工程背景概况

工程基地位于塘沽区城区东部，东起港滨路西至南海路，南起新港三号路，北至进港二线铁路，总面积为 153.66 hm^2，与塘沽区、天津开发区、天津港和保税区相邻，处于一港三区中心地带。现状为城市中心碱厂碱渣堆场占地，堆场上有 65 家集港煤炭仓储场。

21 世纪初，天津碱厂投产初期，塘沽区尚未形成完整的城区，该厂所在地周围还是晒盐地，所以生产出的废渣就近排放到盐池堆放。其中最早形成的是本项工程要开发治理的三号路碱渣山。到 70 年代末，天津碱厂又陆续征用了盐场六号汪子、三号汪子作为碱渣堆放场地。到现在已经排放废渣 2 400 $\times 10^4$ m^3 以上，形成三座碱渣山，共占地 3.99 km^2。其中尤以三号路碱渣山历史最长，堆积量最大，达 960 $\times 10^4$ m^3，堆积高度 6 ~ 12 m，占地 1.5 km^2，位于城市最中心区域，治理开发难度最大，对环境的危害也最大（照片 8.1.1 ~ 8.1.3）。

照片 8.1.1 三号路碱渣山

图 8.1.2　三号路碱渣山

图 8.1.3　三号路碱渣山断面图

2）碱渣山对环境造成的危害也最大

由于碱渣山地处城区中心，周围的环境敏感点众多。数十年来，由它所引起的多种污染后果困扰着当地政府和居民。随着该地区经济建设的迅速发展和环境意识的增强，它的严重制约作用日益突出。

（1）碱渣粉尘对周围环境空气的污染。

根据塘沽区有关气象统计资料，该地区常风向为 NW，次常风向为 SW，风速变化规律为一年中春季最大，通过可以综合反映出风向、风速对污染物迁移扩散路径影响的参数——污染系数计算结果表明：在 SE、SSE、NW 向污染系数最大，也就是说明上述方向吹来的风所造成的污染影响最大。

针对三号路碱渣山的地理位置分析：该碱渣山处于一港三区之间的中心地带，其北侧仅几百米的距离之内，就分布着天津经济技术开发区的金融商贸生活区、泰达会馆、国际学校、开发区管委会、泰达医院等，南侧毗邻的新港路繁华商业区和新港居住区、科研所、外运公司、外轮代理公司等办公集中区、宾馆、饭店，东侧与其接壤的是居民集中的滨海街居住区。结合污染气象特征分析结果论，上述环敏感区域均处于碱渣粉尘严重影响的范围。

碱渣由工厂排出时虽为渣液共存状态，但经过流动、沉淀后便形成了含有一定水分的固体废渣。在常年露天堆积、风吹、日晒、雨淋的综合作用下，碱渣山表层便形成了风化干燥层。根据有关测试资料，碱渣是一种孔隙大、颗粒极细的固体，其主要矿物成分文石的颗粒极细小，通常其粒径仅 2 ~ 5 μm，但文石往往不是以单个颗粒形式独立存在，而是由多个文石颗粒构成集合体，由集合体进一步构成聚集体，集合体直径通常为 10 μm 左右，聚集体直径达 15 ~ 25 μm。这些粒径极小且均匀的白色颗粒物其主要成分为 $CaCO_3$ 等无机物盐类物质，在风力作用下极易起尘。

从粉尘污染物起尘规律分析，碱渣山堆高达十余米，占地面积 1.5 km²，是一个表面积巨大的面源污染源，这对于风蚀起尘是极为有利的，起尘量是最大的，影响也是严重的。经参考有关资料，对碱渣山在平均风速及大风条件下，其下风向总悬浮颗粒的扩散浓度值进行估算，其结果显示：

（1）在平均风速情况下，其下风向 2 500 m 处方可达国家二级大气环境质量标准 0.3 mg/m³；

（2）在大风条件下，其下风向 3 400 m 处方可达到国家二级大气环境质量标准要求。

由此可以得出结论，即使在平均风速（4.6 m/s）的情况下，其碱渣粉尘也会影响到周围约二十几平方千米区域的大气环境质量。这对于当地群众的居住环境，身体健康都形成了威胁的损害。更有别于其他工业粉尘污染的是其起尘过程无法控制，且污染源强度极大，因此造成的污染也就愈加恶劣（照片 1.4.1，照片 1.4.2）。

（2）碱渣沥液废水、碱渣粉尘对海河水体的污染影响。

制碱废渣在以液渣的形式外排时（照片 8.1.4），经管道输送到渣场在碱渣仍然含有相当数量的氯化物，加上雨水淋溶作用，使碱渣山常年向周边沥出大量废水，这些高盐度、高氯化物含量量的废水汇集经明沟排入海河水体。表 8.1.1 列出碱渣沥出液及浸提液中相关组分的分析结果。

表 8.1.1　碱渣沥出液、浸提液中相关组分含量

项目	pH 值	Cl^-	含盐量	Ca^{2+}	SS
沥出液含量（mg/L）	8.5	63 500		28 500	395.15
浸提液含量（mg/100g）	9.0	4 680	12 140	5 720	

碱渣粉尘在扩散影响范围内，除覆盖到周围的公民建筑群外，距离碱渣山仅几百米远且又处于常风向位置的海河段水域也不可避免地将受到粉尘的污染。

海河作为塘沽区的一个重要旅游资源正在日益受到保护和重视，而水体质量的优质量的优劣则显得至关重要：目前已经在实施建设之中的海河外滩公园以及规划中的海河沿岸旅游开发蓝图，都表明要充分利用和发掘好这个代表塘沽现代化港口城市特征的宝贵资料源，以促进和带动整个区域经济的发展。所以，在这个环境大气候下，一切可能或已经影响到其水域环境质量的外源性污染都必经得到有效的控制和治理。

从碱渣沥液的组分结果可知，其氯离子的含量较高，排入水体后，对于受纳水体的氯离子、含盐量、SS 污染负荷有明显增加，对于该水体的使用功能是明显不利的。因为对海河内河的防咸工程由来已久，目的就是要防治和减缓沿岸农田、土地的盐渍化。

碱渣粉尘的影响主要表现在增加了水体中悬浮物质的含量，由于其主要成分 $CaCO_3$ 为难溶物质，会漂浮于水面，影响水体表现，同时降低水体的透明度，对于该水体的旅游功能构成一定影响。

因此，要消除上述对海河水体形成的污染危害的废水及粉尘，就只能从污染源头治理，将碱渣山彻底搬掉，还其土地的本来面貌。

照片 8.1.4　排渣管道

照片 8.1.5　渣水污染

（3）碱渣沥液对周围地区地表水和土壤的影响。

塘沽地势低洼，地下水埋藏较浅，一般在 1 m 左右。由于碱渣山的沥出液为高含盐、高氯化物废水，经过渗漏与积累作用，加剧了所在地区地表水及地下水的盐碱性。与此同时，由于毛细作用，水体中的盐基离子再浸渍土壤，导致土壤质量恶性循环，盐渍化程度日趋严重（照片 8.1.5）。表 8.1.2 列出了碱渣山附近土壤与塘沽区郊区黄土及碱渣相关组分的分析数据，表 8.1.3 为碱渣山渗滤水、地表水与周围区域地下水相关组分的对比数据。

表 8.1.2　土壤组分分析数据

项目	pH	含盐	Cl^-
碱渣山附近土壤	9.0 ~ 10.4	5.84% ~ 15.22%	2.72% ~ 8.57%
塘沽区黄土	8.19 ~ 8.32	0.15% ~ 0.26%	0.35% ~ 0.071%
碱渣	9.2	5.26%	0.24% ~ 4.27%

以上数据表明由于常年受到碱渣沥液的浸泡，使碱渣山周围的大片城市中心土地遭到严重盐渍化影响，更加剧了该地区城市环境绿化、美化等工程的实施难度。

表 8.1.3　碱渣渗滤水、地表水与周围区域地下水组分对比

项目	pH	全盐（mg/L）	Cl^-（mg/L）	Ca^{2+}（mg/L）
碱渣渗滤水	11.2	120 160	72 800	38 200
碱渣山地表水	7.5	70 850	39 300	20 200
周围地下水	6.95 – 7.61	56 002	24 726	8 733

从对比数据明显可说明，碱渣山所在地区的地表水指标明显差于周围一定距离处的地下水水质，这种高强度、长时限的影响是较严重的。

（4）碱渣山对城市整体景观的影响。

碱渣山位于塘沽区中心城区东部，与塘沽区、天津开发区、天津港保税区、天津新港毗邻，上述区域为天津经济发展的前沿，其整体环境质量的好坏将事关投资环境的大局。就此分析，夹在其间的碱渣山与周围功能区所需要的环境景观极不协调。

（5）对城市总体规划实施的严重制约影响。

碱渣山处于几个经济活跃区域的交汇处，东西长达2千米，占地达1.53平方千米，它严重阻碍了塘沽地区的南北交通，使塘沽区城市交通网络规划的实施受到严重制约，影响经济发展。

（6）由碱渣山的存在而引发导致煤尘污染。

随着港口改革与发展，塘沽区煤炭仓储业日渐兴旺，三号路碱渣山以其独有的区位优势，成为毗邻港口最近的大面积临时仓储用地，这样，在原来白色污染上又出现了黑色污染，加剧了对周边环境的影响。

（7）严重威胁周边居民区的安全。

未经处理的原状碱渣孔隙比大、含水率高、稳定性差，遇有震动即易塌方，形成碱渣流。1976年地震曾经造成塌滑坡现象，导致严重财产损失和人员伤亡。

3）碱渣治理工程的科学的研究与论证

在碱渣治理前已进行了大量的科学论证。由建设部建设环境工程技术中心牵头，建设部综合勘察研究设计院，天津大学岩土工程研究所、天津碱厂及塘沽房地开发总公司等单位的科技工作者在天津碱厂多年利用碱渣制工程土实践基础上，又进行了大量试验，对碱渣制工程土技术及其对环境的影响做了深入细致的研究和科学鉴定，并通过国家环保总局组织的"关于碱渣制工程土技术对环境影响"的专家论证。

建设部建设环境工程技术中心和建设部综合勘察研究设计院对碱渣制工程土的工程利用的研究成果表明，碱渣经过严格的操作规程和工艺可以制成工程用土，为彻底治理碱渣污染找到一条切实可行、科学规范的道路。因塘沽沿海土地多为盐场高盐渍低洼地带，用碱渣制成的工程土作为工程建设用土填垫，不会引起土壤地下水的二次污染，而且可以提高改善填垫地区的生态环境。同时在治理后的碱渣山原址上开发出大面积的建设用地，建设一个新世纪居住区，可缓解塘沽城区紧张的土地资源。另外，利用基地内碱渣制

216

成工程土在基地西侧营造一座 20 余米高的屏蔽山，将其绿化，建成一座小型立体花园，可将天津碱厂厂区的粉尘、噪音、刺激性气体、视觉污染等与居住区隔绝，使人油然而生回归田园之感，符合现代人选择居住环境要求少污染、亲近自然、安静优美的心理。

8.1.2 气象条件，场地的工程及水文地质概况

1) 气象条件

大气压：冬季 770 mm 汞柱，夏季 754 mm 汞柱

平均温度：12℃

极端最高温度：39.9℃

极端最低温度：-22℃

年主导风向：东北

夏季主导风向：南西

冬季主导风向：东北、西北

平均风速：4.6 m/s

最大冻土深度：69 cm

2) 工程地质概况：

据《天津塘沽区碱渣山花园小区工程地质初期报告》，本场地地层属第四纪全新统地层，按成因年代分 6 个层次，分别如下：

(1) 填土层，分为杂填土层和碱渣层。

杂填土层：主要为垫路用灰渣，砖头，层厚 0.4 ~ 3.5 m。

碱渣层：白—蓝灰色，软。分布场地，中央较薄，周围较厚。厚度由 2.0 m 至 8.0 m，最厚处达 9.0 m。层底标高在 5.62 ~ 8.62 m 之间。

(2) 新近淤积层：部分地区有出露，为黑色流塑状淤泥，含大量有机质。层厚 0.4 ~ 0.8 m，底界标高 5.93 ~ 7.21 m。

(3) 上部陆相黏土层：主要为黄褐色黏土，软，可塑状态，饱和，无层理，土质均匀，层厚 0.5 ~ 3.8 m，层底标高 2.47 ~ 7.63 m。压缩模量，2.726 ~ 6.201 MPa，属高压缩性土。

(4) 海相淤泥质黏土层：主要为灰褐—褐灰色淤泥质黏土，软塑状态，有层理，黏性大，含有机质，贝壳等。层厚 10.5 ~ 15.8 m，层底标高 -5.47 ~ 11.01 m，压缩模量为 1.996 ~ 6.941 MPa，属高压缩性土。

(5) 海陆过渡相粉质黏土层：主要为灰黄色—黑灰色粉质粉土，饱和软，可塑状态，无层理，含贝壳、有机质，层厚 1.0 ~ 4.2 m，层底标高 -9.29 ~

－13.32 m，压缩模量 3.579～8.077 MPa，属中—高压缩性土。

（6）下部陆相粉质黏土层：地层为灰黄色粉持，黏土，软，可塑状态，含姜石，含铁质，砂性大，压缩模量 4.062～7.742 MPa，属中压缩性土。本层未穿透。

3）水文地质概况

本场地地下水属潜水类型，静止水位标高在 9.4 m 左右，水位随季节有所变化。

8.1.3　方案设计范围

（1）三号路碱渣山清理工程（见图 8.1.1 天津市塘沽区碱渣山现状分布图）。

（2）碱渣制工程土填垫低洼地工程（见图 8.1.2、图 8.1.3 碱渣制工程土填垫地块现状图）。

（3）碱渣制工程土营造屏蔽山工程。

（4）配套相关工程。

8.1.4　方案设计主要依据

（1）建设单位委托

（2）天津市塘沽区碱渣治理开发工程可行性研究报告

（3）建设部建设环境工程技术中心，建设部综合勘察研究设计院，《天津碱渣制工程土的工程利用研究》。

（4）《天津碱厂碱渣土的工程利用研究》科学技术成果鉴定证书（建科鉴字 97 第 95 号）（附件 2）。

（5）国家环境保护局司发文，环控发〔1999〕42 号

《关于碱渣制工程土环境影响专家论证意见函》（附件 3）。

图 8.1.1　天津市塘沽区碱渣山分布现状图

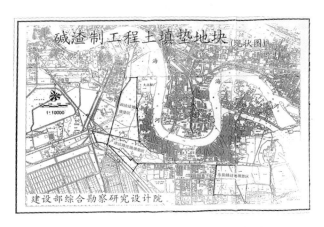

图 8.1.2　碱渣制工程土填垫地块现状图 1

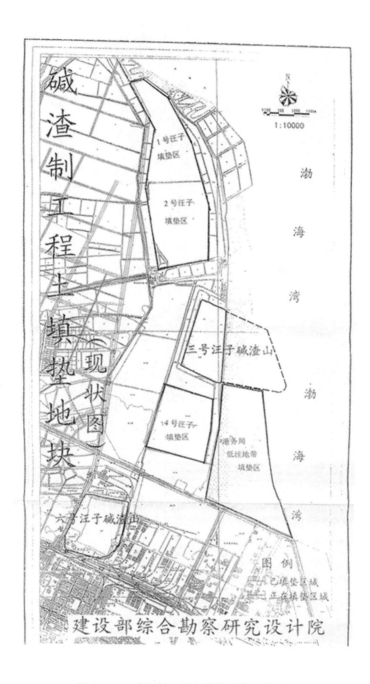

图 8.1.3　碱渣制工程土填垫地块现状图 2

8.2 工程实施方案

碱渣治理工程主要包括三号路碱渣山清理外运后制成碱渣工程土，用于塘沽区坑塘低洼地的填垫和营建屏蔽山以及在清理后的土地上建设相关的配套设施，其中碱渣山清理和碱渣制工程土填垫低洼地工程为碱渣治理工程的重点内容，是彻底根治碱渣对环境造成污染影响的关键所在，因此本次设计方案将重点放在碱渣山清理和碱渣制工程填垫工程实施上。

8.2.1 三号路碱渣山清理工程方案设计与实施

为将剩余部分碱渣在 2001 年底以前全部清除，在 2000 年上半年即将碱渣山上剩余的临时煤炭仓储场及其他设施全部清理、搬迁完毕。

三号路碱渣山原堆积碱渣 960×10^4 m^3，现已经治理完成 350×10^4 m^3，还有剩余 610×10^4 m^3，需要清运治理。现拟将剩余碱渣分阶段、分块清理，将剩余碱渣山分 A、B、C、D、E 五个阶段和区域（图 8.2.1 三号路碱渣治理分区图），除 B 区碱渣用于堆建屏蔽山以外，其余四个区域内的全部外运至政府统一指定的相关低洼填垫地点。

各工程阶段及治理区域内碱渣存量为：

A 区 200×10^4 m^3　　　　　　B 区 110×10^4 m^3

C 区 120×10^4 m^3　　　　　　D 区 90×10^4 m^3

E 区 90×10^4 m^3

图 8.2.1　三号路碱渣治理分区图

三号路碱渣山清理工程程序进度计划见图 8.2.2

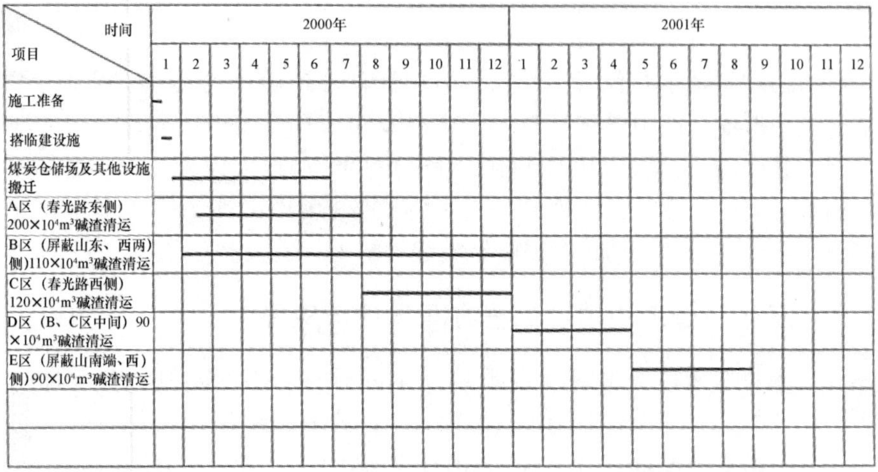

时间
项目
2000年
2001年
1 2 3 4 5 6 7 8 9 10 11 12
1 2 3 4 5 6 7 8 9 10 11 12
施工准备
搭临建设施
煤炭仓储场及其他设施搬迁
A区（春光路东侧）200×10⁴m³碱渣清运
B区（屏蔽山东、西两侧）110×10⁴m³碱渣清运
C区（春光路西侧）120×10⁴m³碱渣清运
D区（B、C区中间）90×10⁴m³碱渣清运
E区（屏蔽山南端、西侧）90×10⁴m³碱渣清运

图 8.2.2　三号路碱渣山清理工程施工计划横道图

8.2.2　碱渣制工程土填垫工程方案设计与实施

8.2.2.1　工程技术方案设计

工艺流程：挖运碱渣——按碱渣：粉煤灰 =8:2（体积比）机械拌和——晾晒——分层填垫——压实——黄土覆盖——岩土工程检测——地下水环境监测

碱渣制工程土填垫工程技术方案体系如图 8.2.3。

碱渣制土填垫工程技术体系
碱渣制工程土施工技术
碱渣制工程土填垫技术
碱渣制工程土碾压技术
碱渣土制工程填垫工程检测技术
碱渣土填垫对地下水环境监测技术
碱渣制工程土填垫大地测量技术

图 8.2.3　工程技术方案

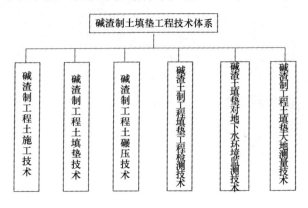

（1）碱渣制工程土施工方案。

①用碱渣与粉煤灰按 8∶2 体积比配制碱渣制工程土，含水率控制在 47%～54%，施工前应检验测定，当工程土的含水量大于控制范围时，应采用翻松、晾晒、风干法降之。

②较干碱渣制工程土搅拌。一般采用装载机按比例成堆，将碱渣与粉煤灰按 8∶2 配比，土堆底铺三斗碱渣，然后再铺一斗粉煤灰再在粉煤灰上覆三斗碱渣，再于第二层碱渣上覆盖一斗粉煤灰最后再覆盖二斗碱渣，按配比堆成后，用装载机倒四至五次均匀后用推土机推至填垫地点的晾晒区内。

③较湿碱渣搅拌。在现场挖取 3 m 以下的碱渣，可视为较湿的碱渣，其特点是堆成堆后，碱渣有析水现象，严重时可出现明水流淌情况。该类土质搅拌方法为：按配比（8∶2 体积比）用上述方法堆成堆后用推土机推至 0.5 m 厚左右，在搅拌场地用推土机反复推压三至四遍，搅拌均匀，颜色一致，后将碱渣制工程土推至填垫地点。

（2）碱渣制工程土填垫方案。

①机械搅拌的碱渣制工程土堆至晾晒区内，摊铺厚度应控制在 40～50 cm，较干的碱渣制工程土须晾至 6～8 天，较湿的土需 10～12 天晾晒期。晾晒后的碱渣制工程土，用推土机或压路机碾压 6～8 遍，使密实度大于 0.85，每次压实后需实验测定并将结果上报有关部门。

②含水率的控制。

填土压实时，应使用最佳含水量区间内的填垫土，碱渣制工程土的最佳含水量和最大干密度参考值如表 8.2.1。

表 8.2.1

土的种类	变动范围	
	最优含水量（%）	最大密度（kN/m³）
碱渣制工程土	45～55	8.2～9.0

（3）碱渣制工程土碾压方案。

填垫土每层铺土厚度和压实遍数视土的性质设计要求的压实系统和使用机械性能而定，一般根据现场取样确定。表 8.2.2 为压实机械相同的铺土厚度的所需要的碾压（夯实）遍数参考值。

表 8.2.2

压实机械	每层铺土厚度（mm）	每层压实遍数（次）
平碾	200～300	6～8
推土机	200～300	6～8
压路机	200～300	8～16
蛙式打夯机	200～250	3～4

压实方法要求：①填垫施工应从场地最低处开始，水平分层、整片填垫碾压。分段填垫时，每层接缝处应作成斜坡形（倾斜度大于1：1.5）碾迹重叠0.5～1 m，上下层接缝距离不应小于1 m。

②碾压机械填方时，应控制行驶速度一般不超过下列规定平碾、动碾2 km/h。

③机械填方时，应保证边缘部位的压实质量。

④用压路机大面积填方碾压时，应从两侧逐渐压向中间，每层碾压轮轮迹应有15～20 cm的重叠，避免漏压，轮子的下沉量一般压至1～2 cm为宜，碾压不到的部位应人力夯实，或小型夯实机配合夯实。

（4）碱渣制工程土填垫大地测量方案。

①选派精通业务，责任心强的施测人员，在项目技术人员领导下，专门负责本工程场地测量。

②所有施工测量的仪器，必须按规定经计量站鉴定检验合格。

③平面控制与高程控制，根据场地情况，设计与施工要求既便于控制全面又能长期保留的原则，测设场地平面控制网与标高控制网每次实测后编制成果表，作为竣工资料的一部分。

（5）碱渣制工程土填垫工程检测方案。

为了保证碱渣填垫工程质量，以便对碱渣填垫工程质量进行有效控制，需对填垫土进行工程检测试验工作，具体要求如下：

①每一阶段填垫工作结束后，均应委托有相应资质的单位对填垫层进行承载力和主要物理力学指标检测。

②原则上，每填垫 5×10^4 m² 应进行一次现场载荷试验。

③主要物理力学指标检测工作基本可按初勘要求进行，原则上以150 m × 150 m 布点检测。

（6）碱渣制工程土填垫工程地下水环境监测方案。

为及时了解碱渣制工程土填垫工程实施后对周围地下水环境质量的影响，在填垫工程场地及其附近布置地下水质监测网点，监测网设计方案如下：

①监测网点布设。

监测网点的布置依填垫场地的不同条件而定,可在填垫场地的周围布设地下水监测孔 2~3 组,约 12 个孔,孔深 10~15 m,具体孔位根据场地填垫情况逐步确定。

②监测项目及分析方法。

为提高监测结果的可比性,根据前期研究成果,本次监测网的监测项目主要有以下 22 项,分别为:pH,CO_3^{2-},HCO_3^-,Cl^-,SO_4^{2-},As,Hg,Ba,Sr,K^+,Na^+,Ca^{2+},Mg^{2+},Cr^{6+},Cu,Mn,Zn,Fe,Pb,Cd,F,全盐量。

分析方法采用国家环保总局推荐的环境监测分析方法。

③监测频率

按地下水采样规则,所有监测点在每年丰枯水期(12 月初和 8 月初)各取样一次。

8.2.2.2 工程施工机械及辅助设备

由于本工程工作量大,工期紧,因此建设单位必须投入大量施工设备以确保工程进度及质量,现将所需主要施工机械及辅助设备列表如表 8.2.3。

表 8.2.3 主要机械及辅助设备一览表

序号	机械名称	规格型号	数量	用途	备注
1	载重卡车(翻斗车)	东风载重车 卡马兹自卸车	100 辆	运输碱渣	载重量 10~15 t
2	推土机	宣化 140—180 东方红 75	15 台	碾压碱渣土	
3	挖掘机	卡特 200B 小松—6	20 台	挖掘碱渣、机械拌和	
4	潜水泵		6 部	抽干场地表水	扬程 5~10 m
5	测量仪器	全站型经纬仪 ZBTZC 经红外测距仪 D12000	1 套 1 套	测量	
6	原子吸收光谱仪	Unicam929	1 部	地下水环境监测分析	

8.2.2.3 工程施工组织管理

为保证碱渣制工程土填垫保质量按工期顺利完成，建设单位（塘沽房地产开发总公司）要按照现代化企业施工管理制度，组建项目经理部（见图8.2.3），全面负责工程质量，进行安全和文明施工。

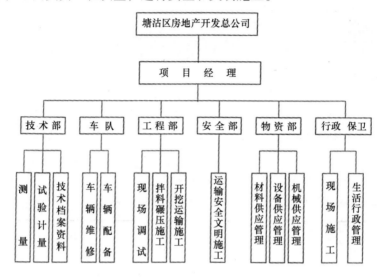

图 8.2.4 项目经理部结构图

项目经理部对工程施工组织管理实现以下目标：

（1）质量：严格按国家现行施工规范及碱渣制工程土填垫工程施工及验收标准执行，确保工程质量。

（2）工期：工程总工期 720 天。

（3）安全：杜绝重伤，死亡事故，工伤频率控制在 8% 以下。

（4）现场管理：创天津市、塘沽区样板工地。

（5）创天津市、塘沽区标准化工地。

（6）科技进步效益率：1.5% 以上。

8.2.2.4 工程施工进度计划

三号路碱渣山原堆积需挖运碱渣 $1\,500 \times 10^4\ m^3$，现已治理 $350 \times 10^4\ m^3$，尚有 $610 \times 10^4\ m^3$ 正在治理。营建屏蔽山预算计为 $110 \times 10^4\ m^3$，还剩余近 $500 \times 10^4\ m^3$ 需要治理，这部分碱渣由治理单位按政府指定的低洼地段填垫。表 8.2.4 为目前碱渣治理工作量现状。

表 8.2.4　填垫洼地及碱渣制工程土用量表

序号	洼地名称	占地面积（$\times 10^4$ m^2）	填垫厚度（m）	碱渣土用量（$\times 10^4$ m^3）	备注
1	盐场 1 号汪子	60	约 1.5	90	已完成
2	盐场 2 号汪子	70	约 1.5	105	
3	盐场 4 号汪子	80	约 2.0	160	已完成 15×10^4 m^3
4	港务局低洼地带	170	约 2.4	408	已完成 27×10^4 m^3
5	东盐路洼地	50	约 1.5	75	已完成
6	西沽洼地	70	约 1.9	133	已完成
7	津沽路洼地	50	约 2.0	100	已完成

根据上述情况，本次设计在已完成工程量 400×10^4 m^3，治理碱渣 352×10^4 m^3 基础上，按待治理碱渣 505×10^4 m^3，计划工程量 631×10^4 m^3 进行施工计划安排，碱渣制工程土填垫区按盐场二号汪子填垫区、盐场四号汪子填垫区和港务局低洼地带填垫区考虑设计。

工程施工进度计划见图 8.2.4 ~ 图 8.2.7。

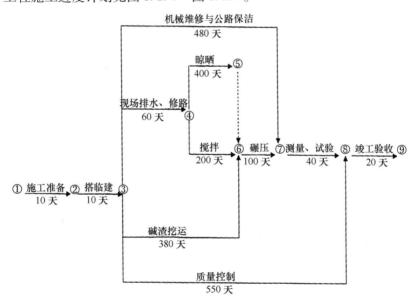

图 8.2.5　碱渣制工程土填垫工程施工网络计划图

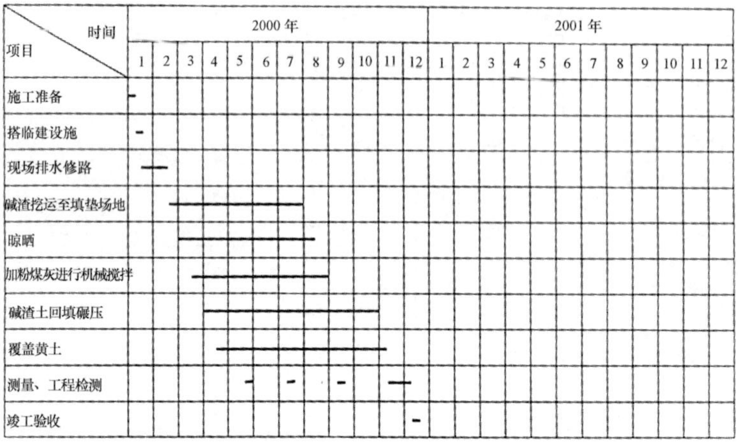

图 8.2.6　二号汪子填垫区碱渣制工程土填垫施工进度横道图

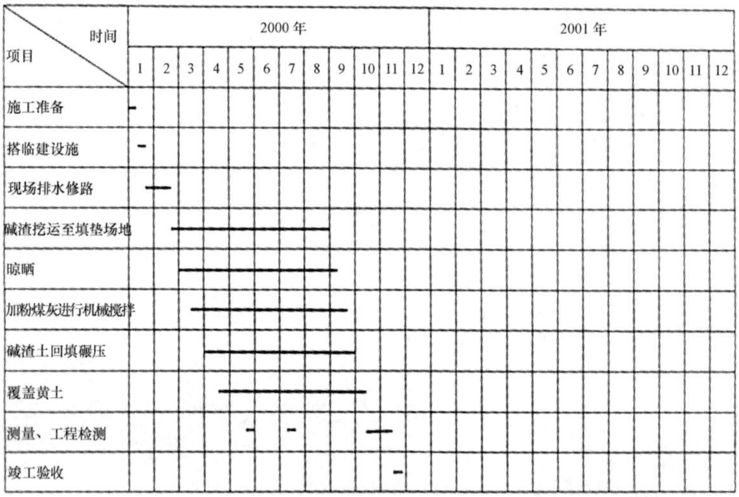

时间 项目	2000 年												2001 年											
	1	2	3	4	5	6	7	8	9	10	11	12	1	2	3	4	5	6	7	8	9	10	11	12
施工准备																								
搭临建设施																								
现场排水修路																								
碱渣挖运至填垫场地																								
晾晒																								
加粉煤灰进行机械搅拌																								
碱渣土回填碾压																								
覆盖黄土																								
测量、工程检测																								
竣工验收																								

图 8.2.6　二号汪子填垫区碱渣制工程土填垫施工进度横道图

图 8.2.7　四号汪子填垫区碱渣制工程土填垫施工进度横道图

时间 项目	2000 年												2001 年											
	1	2	3	4	5	6	7	8	9	10	11	12	1	2	3	4	5	6	7	8	9	10	11	12
施工准备																								
搭临建设施																								
现场排水修路																								
碱渣挖运至填垫场地																								
晾晒																								
加粉煤灰进行机械搅拌																								
碱渣土回填碾压																								
覆盖黄土																								
测量、工程检测																								
竣工验收																								

图 8.2.7　四号汪子填垫区碱渣制工程土填垫施工进度横道图

8.2.2.5　工程质量与技术保证体系

（1）质量管理体系。

建立由项目经理领导、项目副经理中间控制、质检员基层检查的三级管理系统，形成一个从项目经理到生产班组的质量保证体系（见图 8.2.8）。项目经理对质量全面负责，是质量第一责任人，项目副经理对质量工作全面管理，是质量第二责任人。

228

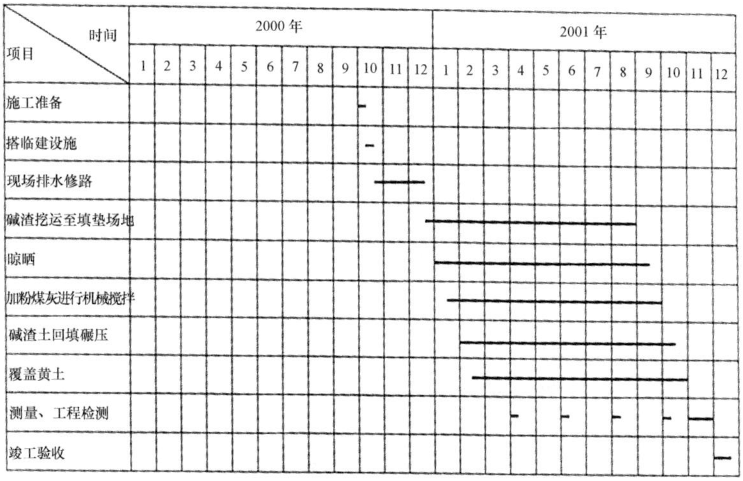

时间
项目
2000 年
2001 年
1 2 3 4 5 6 7 8 9 10 11 12
1 2 3 4 5 6 7 8 9 10 11 12
施工准备
搭临建设施
现场排水修路
碱渣挖运至填垫场地
晾晒
加粉煤灰进行机械搅拌
碱渣土回填碾压
覆盖黄土
测量、工程检测
竣工验收

图 8.2.7　港务局低洼地带填垫区碱渣制工程土填垫施工进度横道图

项目经理
项目副经理
技术部
质检部
工程部
物资部
项目调度长
项目材料员
项目技术员
项目质检员
项目调度员
车队队长
测量
试验员
班组质检员
作业班组
反馈

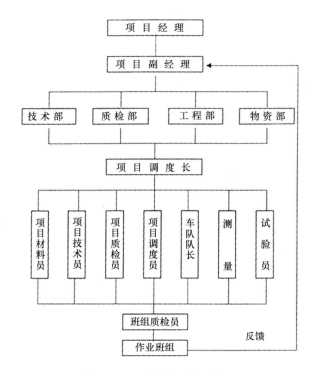

图 8.2.8　质量保证管理体系

（2）施工准备前的质量控制。

①按优化的施工组织设计和方案进行施工准备；

②作好技术培训，质量和安全教育；

③实行三级技术交底。

● 塘沽区房地产总公司对项目班子（施工组织设计交底）；

● 项目班子对调度长（工程技术、质量、工期交底）；

● 调度对作业班组（操作工艺工期安全交底）。

（3）施工过程中的质量控制

①严格按图和国家现行施工验收规范及市有关规定施工。

②根据对影响工作质量的关键点、关键部位及重要影响因素设置质量管理点的原则，在工期、挖运土方，填方设三个重点管理小组，按照 PDCA 循环过程开展质量管理。

③设专人积累资料，分阶段进行技术分析总结，反馈到项目班子。

④拟定现场施工人员质量岗位责任和质量职能。

⑤拟定重要分项工程质量检验标准，发到有关人员。

⑥实行"样板块"试验制度。

⑦实行自检、互检、专检的"三检制"制度，重要的分项和关键部位施工技术员质检员必须到位。

（4）工程创优计划。

①目标：本工程确保质量优良

②技术保证措施

● 由现场技术部拟定下列项目技术创优措施

A. 明确关键工序及操作重点；

B. 制定质量通病预算控措施；

C. 严格控制配合比的质量，按标准检验。

● 作好现场技术交底工作，对项目质检员，调度及操作工人进行先交底，先在"样板地块"示范，再扩大面积推广。

● 对工艺工序操作中进行技术监督把关，技术员、质检员、调整度三结合抽查，落实措施严格执行。

（5）质量检验及技术措施。

①各分项工程质量严格执行"三检制"层层把关，做好质量等级的验评工作。

②制作隐蔽计划表，按进度与监理单位办理手续。

③严格执行碱渣、粉煤灰配比不定期抽查。

230

④对已完工程进行岩土工程检测工作，对不合格者必须返工直至达到设计要求。

8.2.2.6 工程安全保证措施

建立健全管理机构，健全安全管理制度。

成立以项目经理为组长的安全管理小组，全面负责安全管理工作，对工人进行安全培训，形成从项目经理到施工作业班组的施工安全保证体系（图8.2.9）。

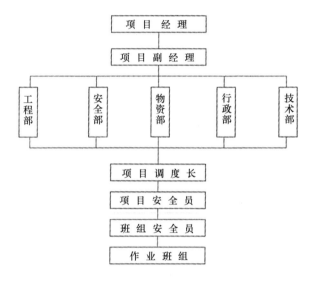

图8.2.9 施工安全保证体系

建立安全责任制度，执行谁负责生产谁负责的安全原则。

定期进行安全教育，做到每道工序有安全交底。

施工中认真执行安全操作规程，严禁违章作业和违章指挥。

建立安全设施验收制度。

对以下主要设施执行验收持牌制度：

①装载机、压路机、推土机等机械操作规程；

②对车队宿舍区要张贴交通法规，严禁疲劳驾驶；

③机电安全和防火、防雨等专门设置的种种设施；

④建立安全检查制度，实行定期的例行检查及不定期的专业检查相结合，通过安全检查活动，不断提高和加强职工的安全意识及时发现和杜绝事故隐患。

8.2.2.7 工程工期保证措施

（1）根据综合进度要求，制定日、月、季度进度产值完成有效工期，杜绝分阶段工期、倒排工期，加强调度职能，实现按期完成竣工目标。

（2）建立每周例会制度及时解决施工生产中出现的问题。

（3）强化施工管理抓住主导工序，安排足够的劳动力、车辆，组织两班作业，利用网络计划管理，作好工序合理穿插和综合平衡。

（4）采取切实可行的雨季施工措施，保证连续施工，确保进度和质量。

8.2.2.8 工程文明施工

本工程工程量大、工期紧，车辆运输碱渣在刹车时，很容易将土散落于道路上，运输路段人流车流频繁，对现场及流动工作面施工管理，文明施工管理要求颇高。

（1）目标：争创文明工地。

（2）施工现场推行标准化管理。

①组织文明施工教育，制订文明施工制度。

②定期对所建的制度进行执行情况的检查，促使制度的有效执行。

③要设置有关标志牌、宣传标语。

④交通部门、公安部门、环卫部门联系解决好车辆行驶路线卫生保洁工作，运输车辆要覆盖苫布以防止较干碱渣的白色粉尘污染大气环境，道路污染后要及时派人打扫。

⑤加强场容、卫生等工作，改善所有施工人员的生活条件。

（3）具体措施。

①采用临时封闭式围墙，场外人员不能直接见到工地内情况。

②车辆每天必须冲洗一次，注意车容，它标志施工单位形象。

③临建规划整齐，场地不积水，宿舍制定卫生制度，生活垃圾及时外运。

④现场食堂要符合食品卫生管理要求，做到无蚊蝇，无鼠，无饮食中毒，创造良好的卫生环境。

8.2.2.9 工程冬雨季施工措施

（1）要加强天气预报的信息收集，制定"晴雨表"。

（2）晾晒区、开挖区、周边要设置排水沟及集水井保证场地内无积水。

（3）露天小型机械设备要配备防护罩。

（4）运输的坡形路要设置防滑条或铺些建筑垃圾。

8.2.3 碱渣治理开发实施对环境的影响分析

受天津碱厂的委托，建设环境工程技术中心承接了天津碱厂碱渣制工程土的工程利用研究项目，该项研究成果证明碱渣制工程土作为一种性能良好的工程用土。不仅可以在塘沽区用于大规模的坑塘低洼地区的填垫，而且可提高改善周围的生态环境，同时可带来 30 亿人民币左右的直接经济效益。

8.2.3.1 碱渣制工程填垫后对地下水环境质量的影响

碱渣制工程土按照国家固体废弃物毒性浸出试验方法做浸提试验，测定浸提液中组分含量，从浸提液中金属元素含量与相关的《有色金属工业固体废物污染控制标准》（GB5085—85）中浸出毒性鉴别标准比较，Hg，As，Cr，Cu，Zn，Ni，Be，等均低于控制标准（其他几项尚无标准）。另外，实践中目前对碱渣制工程土填垫区的地下水取样分析表明，碱渣制工程土，对地下水质量没有造成恶化影响，且填垫区周围土壤盐分也未见累积。因此可以认为碱渣制工程土中上述元素没有浸出毒性，对地面水环境不会产生污染。

8.2.3.2 碱渣制工程土填垫后对大气环境的影响

碱渣制工程土填垫后基本上不起尘，不会对大气环境产生污染，只是碱渣在运输过程中会对大气产生污染，不过只要采取相应的措施，为运输车辆覆盖苫布即可解决。

8.2.3.3 碱渣制工程土填垫后对建筑物地基承载力的影响

对塘沽区一号汪子填垫区进行的碱渣制工程土地基承载力标准值为 86 kPa，高于塘沽地区天然地基承载力，可以满足一般仓储建筑物的地基承载力要求，但对中高层建筑物，则需要采用桩基进行地基处理。

8.2.4 碱渣制工程土营造屏蔽山（碱渣山公园）工程实施方案设计

给塘沽城区造成巨大粉尘、噪音、刺激性气体污染的天津碱厂，在今后相当长的一段长时期内还将采用氨碱法继续生产，虽然通过技术改造，相应的污染可能有所减少，但不可能会根本杜绝，对塘沽城区，开发区环境的负面影响将依然存在。因此，在本污染综合治理项目中，根据规划要求，需营建一座屏蔽山体，将天津碱厂的粉尘、噪音、刺激性气体、视觉污染等与居民区隔绝。碱渣制工程土营造的屏蔽山（碱渣山公园）位于碱渣山花园居住区西侧，北至规划的大连东道，东至规划的南海路，西为天津碱厂厂区，南临三号路（见 8.2.10），地段狭长，东西宽约 200 m，南北长约 1 400 m，面积约为 204 000 m²。

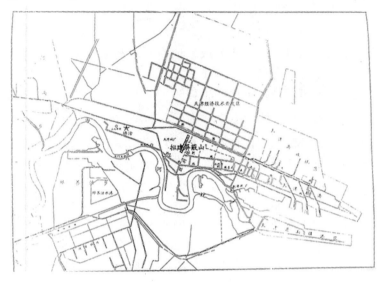

图 8.2.10　屏蔽山位置示意图

8.2.4.1　屏蔽山景观总体规划设计

屏蔽山的景观设计，运用新的景观构成手法、园林造景理论，在全山的分区上兼具统一与对比，形成连续的景观化。规划强调景观因素的连续性，空间折导向性，建筑单体的点缀性，把景观与人、环境、环保及整个小区有机的联系结合起来，注重动、静结合的观赏内容及广泛的参与主题。充分利用碱渣山的特殊景观效果，成为塘沽区新的城市景观，并使得该小区在全市的小区中具备了得天独厚的景观环境。屏蔽山景观分为山体景观与城市化景观两大部分。山体景观突出"自然——人——环保"，强调景观层次，突出自然的内容。城市化景观反映出人活动区域及景观的多重性，强调人造景观同自然题材景观的融合。在景观分区上形成七个景观区（见图 8.2.11）。

1）时代花园景区

该景区注重现代景观题材的运用，注重景观的层次与内容，并且同小区形成大的轴线景观，景区以山体的生态要景区为背景。无池景观喷泉、主要雕塑及主景廊形成连续的景观变化，两侧以碱渣山记事碑形成景观呼应。整个景观气氛浓烈，强化主景点的景观内容，突出小景点的特异性，并注重其内在景观构成的统一。本景区以浓重的景观气氛，形成屏蔽山的主景点景区。

234

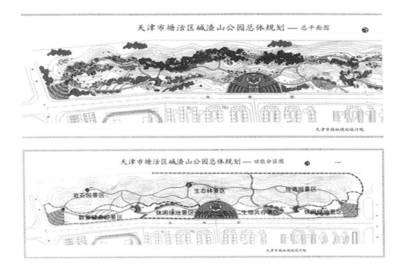

图 8.2.11　屏蔽山（碱渣山公园）景观总体规划图

2）休闲绿地景区

该景区由两部分组成。时代花园南侧、北侧各形成景区。其两部分主景均在舒展的大草坪上，以一组帆式的胀拉膜结构作品点缀景观，给观者一种轻松的感受。草坪在该区段布置可上人草坪，创造出一种在自然山景脚下的人与自然的结合。其中北侧的景区包括林下广场。林下广场强调居民林下休息的景观体会。同时在林下布置休息坐凳与点景小作品，为居民休闲、锻炼创造出良好的空间环境。

3）生物共存景区

该景区着重突出人与环境，生物同宇宙共存的生态理念。景区以宇宙卵、人间石等趣味性的点景内容，突出在宇宙万物中地球与地球人、宇宙石、男人、女人的抽象概念，力在追求抽象中的游离，让观者在人与自然共存，为了我们的地球去爱护生态，保护环境。在这些抽象的景观中，创造出一组环保内容的特色内容，同时在居住区与屏蔽山之间的特殊环境中，形成更加鲜明的主题。

4）散步健身径景区

该景区在主路上以浓郁的栽植环境及路两侧设置点景石、名人名言等形成浓厚的文化与活动环境，为居民散步休息提供良好的空间。

健身径则在绿地的山脚下路段，以段落的方式设有健身设施，为居民提

235

供良好的健身环境。

5）生态林景区

以山体制高点布置木架廊，形成景观点缀与观景的主要内容。该景区最具特色的是突出"自然与人与环保"的特色内容，在这特殊的碱渣山上形成一组独特的自然生态景观环境。飞鸟、林、草、石形成"世外桃源"的景观感受，观者在此体会人与自然的共融。

6）岩石园景区

因山体由碱渣制工程土堆成的，大面积的种植林带会影响，因此以塑石的方式形成局部景观点缀，以不同品种的岩生植物，木本地被植物等形式的岩石景观内容。岩石园以突出的岩生植物的特异效果，给观者耳目一新的感受。

7）玫瑰园景区

该景区同岩石园在景观构成因素上，是相统一的。以多种彩色的玫瑰、月季等点缀在山景上，形成大的色彩块的变化，同时在其中穿插种植景观乔木，以此同岩石园形成景观对比。同时，其多品种玫瑰更形成特色一景。

8.2.4.2　屏蔽山营造工程设计

1）屏蔽山平面设计

根据碱渣山花园居住区南北向长度及现状地形决定长度取 1 000～1 100 m 左右，基底宽定为 100～120 m 左右，详见图 8.2.12，图 8.2.13。

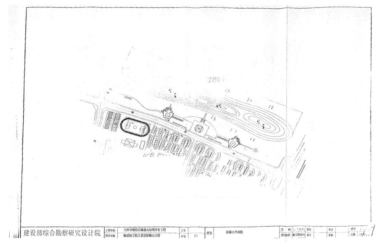

图 8.2.12　屏蔽山平面图

236

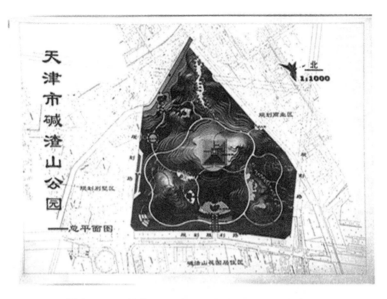

图 8.2.13　屏蔽山（碱渣山公园）总平面设计图

屏蔽山（碱渣山公园）效果图见图 8.2.14，局部透视图见图 8.2.15 。

图 8.2.14　屏蔽山（碱渣山公园）效果图

图 8.2.15　屏蔽山（碱渣山公园）局部透视图

2）高程设计

屏蔽山高程最低按 20 m 高考虑。根据园林美学要求进行调整高程。

3）横断面设计

本方案设计底宽 100～120 m 以 5 m 为单位按 1∶2 坡向上下堆积，堆积体内每层间距 2 m 左右设一层加筋带。排水孔层间距 3 m，斜面专设集水槽、排水槽，屏蔽山剖面图见图 8.2.16。

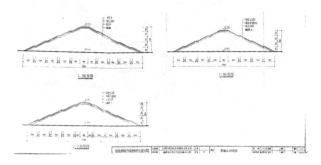

图 8.2.16　屏蔽山剖面图

4）表面构造设计

根据碱渣制工程土的工程特性，碱渣制工程土的含水量要严格控制在45%～55%（最优含水量）以保证其达到最大密实状态，故此在以碱渣山为堆建材料的屏蔽山表层须辅有一层厚度1m左右的黏土，防止雨水渗入和碱渣山水分蒸发，增强山体边坡的稳定性。

为了防止雨水冲刷要有砌石把黏土层保护住，考虑绿化的可能性，可在砌石上作槽，槽内作绿化土地。在山的侧面，作排水孔，层间距3m，孔间距5m，按三角形布置。排水孔周围作导滤层，导滤层分两层，外层为中砂300，内层为砾石300，这样可以让山内多余水分排出。

由于碱渣吸水性能特强，强度降低较大，应加部分土工结构，加筋材料，以提高土体的水平剪力，增加山体的稳定。

筋带铺设，筋带从面板顶埋拉环穿过，筋带成扇形辐射状铺设在压实整平的填料上，不宜重叠，卷曲或折曲，不得与硬质棱角填料直接接触，在拐角和曲线处布筋方面与墙面垂直。

碾压顺序应先从筋带中部开始，逐步碾压筋带尾部，再碾压靠近面板部位，压实机械与面板距离不小于1m，在此范围优先采用透水性良好的材料，用小型压路机或用人工夯实。

5）主要填垫材料设计

本工程若采用碱渣作为土坡的主要材料，其性能远不能满足工程实际的物理指标，这是因为碱渣的主要成分是$CaCO_3$，其次为氯化钙和少量的氧化物，它是一种孔隙大、颗料细的固体废料，具有极发育的孔隙体系。碱渣孔隙大含水高的特征，导致了它的性能类似于淤泥质黏土，强度较低，基本是流塑，因而，不能满足设计要求。本次设计采用碱渣与增钙灰或粉煤灰等材料拌和后制成的工程土。与碱渣相比，碱渣制工程土在干容重和强度上都有大幅度的提高，适宜作为屏蔽山山体的主要填垫材料。

碱渣制工程特性如下：

（1）碱渣制工程土的比重为2.32。

（2）碱渣制工程土不会对砼和钢筋造成侵蚀，通过天然雨水的淋洗作用可逐渐减少其绿化影响。

（3）碱渣制工程土的浸水后强度指标Φ、c值减少，导致地基际载力有所降低。欲获得较高的承载力，可采用无水填垫，严格控制含水量，减少虚铺厚度，增加压实能量来实现。

239

6）屏蔽山斜坡稳定计算

（1）本工程所用土为碱渣制工程土，性质类似于黏性土，另外还有一条，即吸水后强度降低一半，现按报告《天津碱厂碱渣制工程土的工程利用研究》中碱渣制工程土的 Φ、c 值，可以确定本工程土坡坡角不宜超过 $30°$（Φ、c 为土的抗剪强度指标）Φ 为土的内摩擦角，c 为土的黏聚力。

具体土坡稳定计算根据瑞典圆弧滑动法，计算公式为：

$$Fs = \frac{\sum h_i cos\alpha_i tg\varphi + cl/\gamma_o^b}{\sum h_i sin\alpha_i}$$

（2）根据对碱渣制工程土粒径分析可知，它的性质类似于黏性土，在计算黏性土坡的稳定时，主要由于剪切破坏，土坡滑动面为一曲面，为简化计算常采用瑞典圆弧中心，求出其中安全系数最小的即为最危险滑动面，根据最危险滑动面，确定加筋土带的数量，就是最安全的。

7）屏蔽山山体的施工技术

（1）准备工作。

在施工前，要清除基底上的树墩及坑穴积水。

（2）填充山体的碱渣制工程技术要求。

填充的碱渣制工程土应严格控制含水量，施工前要检验其含水量，含水量控制范围为 $45\% \sim 55\%$，大于控制范围时，应采用翻松晾晒风干法降低，或采用均匀掺入干土或其他吸水材料等措施来降低，若含水量偏低，可预先洒水润湿。

（3）填垫技术要求。

机械搅拌后的碱渣制工程土堆至填垫地点，厚度 $50 \sim 60$ cm，需经约 8 天时间，方可上推土机碾压，较湿碱渣制工程土一般需 $10 \sim 12$ 天晾晒，晾晒后碱渣制工程土捣碎后应立即上推土机碾压，大坡度填垫亦应分层推平，不得居高临下，不分层次一次推填。

密实度要求最小应达到 0.90，压实填土的最大干容重 γ_{max} 宜采用夯实试验确定。

含水量的大小对土的填垫压实效果有直接影响，在压实前应预先试验求出符合密度厚度要求的条件下的最优含水量和最小压实遍数。

当重型机械碾压之前应用轻型压实机械推平，低速行驶 $4 \sim 5$ 遍，使表面平实。

由于本工程堆筑高度为 20 m，所采用夯实预压加联合堆载的办法，提高地基的承载力，因此，在控制每一次堆土的高度，并应作好沉降观测工作。

8）配套工程

考虑到山体建成后，表层绿化用水，本工程正式投入施工设计后，还要具体布设山体表面绿化用水管道，喷灌系统。

9）主要工程量

(1) 原碱渣：110×10^4 m³

(2) 与增钙灰按 8：2 制碱渣工程土：138×10^4 m³

(3) 300 mm 砌石：1.24×10^4 m³

(4) 黏土：11.82×10^4 m³

(5) 种植土：5.91×10^4 m³

8.2.4.3 屏蔽山施工进度计划

屏蔽山施工进度计划见图 8.2.17 屏蔽山施工计划横道图。

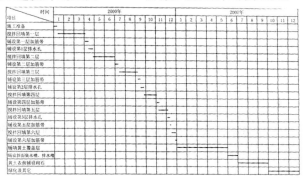

图 8.2.17 屏蔽山施工计划横道图

8.2.4.4 屏蔽山建成后对环境影响效果分析

由于屏蔽山在主体建成后将被绿化建设成为人与自然、人与环境相结合、具有时代气息的园林，把碱渣山花园居住区和天津碱厂厂区隔开，以消除天津碱厂给居住区带来的粉尘、噪音、刺激性气体和视觉的污染和影响，有利于改善新建居住区的环境质量及区域环境质量。

在工程设计上由于采用了最优含水量的碱渣制工程做填垫山体的主要材料，并且在其表面辅有 1 m 厚的黏土用于保持碱渣制工程土的含水量和防止雨水渗透，加以完善的地表水集排系统，进一步加强了山体的稳定性，保证了居民有一个安全的休闲环境。

8.2.5 碱渣花园居住小区规划及配套相关工程

碱渣花园居住小区规划见图 8.2.18 。其配套相关工程主要包括道路工程、污水及雨水管线工程。

图 8.2.18 碱渣山花园居住区规划图

8.2.5.1 道路工程

1）设计依据

（1）《天津市塘沽区碱渣山花园居住区规划设计方案》（综合稿）等相关基础资料。

（2）《城市道路设计规范》（CJJ37 - 90）

（3）《公路沥青路面设计规范》（JTJ014 - 97）

（4）《公路软土地基设计与施工技术规范》

（5）塘沽区土地规划管理局对本工程的委托意见及要求

（6）碱渣制工程土的工程性能实验报告

（7）碱渣微观结构及强度形成机理研究

2）设计标准

（1）道路等级。

新港三号路为城市主干道，港滨路为城市次干道。

其他为区内主干道，区内次干道及小区级道路。

（2）设计车速。

新港三号路与港滨路的设计车速为 40 km/h。

区内主干道及区内干道为 30 km/h，小区级道路为 20 km/h。

（3）最小平曲线半径。

港滨路最小平曲线半径为 700 m，区内道路为 120 m。

（4）路面设计轴载：BZZ－100。

（5）设计使用年限：15 年。

（6）设计横断面。

新港三号路红线宽为 35 m。港滨路红线宽为 40 m。区内主干道及次干道红线宽为 30 m。小区级道路红线宽为 11 m。

3）设计概要

本工程采用的坐标系统为天津坐标系，高程为大沽水平。

（1）平面设计。

本工程设计路中遵照规划路中线，即由规划桩来控制。新港三号路与港滨路的最小平曲线半径设计值 700 m，区内道路最小平曲线半径设计值为 120 m。为保证行车通顺，在新港三号与胜利路交叉口处及港滨路与新港三号路交叉口处，均做拓宽渠化处理，根据规划，港滨路与大连东道相交处以及区内一条南北向的次干道与大连东道相交处均设简易立交，但因其规划为远期实施，为降低本次工程造价及考虑本工程的实际情况，本次设计暂不考虑立交实施的可行性。

（2）纵断面设计。

本次设计纵断面设计高程均以规划桩高程为准，规划桩间按直线拉坡，并考虑在必要处竖曲线，因规划桩间高程相差很小，故本次设计不考虑利用纵坡排水，只考虑横坡排水。

（3）横断面设计。

港滨路规划红线宽为 40 m，标准横断面为人行道宽 6 m＋5 m 非机动车道＋1.5 m 机非分隔带＋15 m 机动车道＋1.5 m 机非分隔带＋5 m 非机动车道＋6 m 人行道，全宽 40 m。

新港三号路规划红线宽为 35 m，标准横断面为 8.5 m 人行道（含绿化）＋18 m 机非混行车道＋8.5 m 人行道（含绿化）全宽 35 m。

区内主干道和区内次干路规划红线宽为 30 m，标准横断面为 7.5 m 人行道（含绿化）＋15 m 机非混行车道＋7.5 m 人行道（含绿化），全宽 30 m。

区内小区级道路规划红线宽为 11 m，标准横断面为 2 m 人行道＋7 m 机

非混行车道 +2 m 人行道，全宽为 11 m。

（4）路面结构设计。

①新港三号与港滨路。

机动车道：自上而下为 20 cm 水泥混凝土 +15 cm 级配碎石 +150 cm 拆房土，总厚度为 185 cm。

②区内主干路及次干路。

机动车道：自上而下为 2 cm 细粒式沥青砼 +4 cm 粗粒式沥青砼 +15 cm 二灰碎石 +30 cm 二灰垫层，总厚度为 51 cm。

③区内小区级道路。

机动车道：自上而下为 5 cm 中粒式沥青砼 +15 cm 二灰碎石 +20 cm 二灰垫层，总厚度为 40 cm。

人行道结构如下：自上而下为 5 cm 彩色花砖 +2 cm 石灰砂垫层（1:3）+20 cm 石灰土，总厚度为 27 cm。

（5）路基处理。

①碱渣段：将设计面高程以下各级结构厚度范围内的杂填土等清理，清理后将碱渣适当翻晒，加增钙灰进行拌和并在其最佳含水量附近进行碾压，后分层填垫拆房土并压实，要求所有的填垫材料中不得含有垃圾和腐殖土等。

②其余路段：将设计路面高程以下各级结构厚度范围内的杂填土等清理，采取措施降水，并适当翻晒，后填筑 50 cm 厚的混渣或拆房土（拆房土的骨料含量应大于 70%），碾压至不弹软无轮迹为止，然后分层填垫拆房土至设计路基高，填垫材料中不得含有垃圾和腐殖土等。

道路系统平面图见图 8.2.19。

8.2.5.2　污水设计

1）污水量

本工程污水量按日给水量的 85% 考虑（小区总用水量每天 1.653×10^4 m^3）。

故最大日污水量 $Q_{最} = 1.653 \times 0.85 = 1.405 \times 10^4$ m^3/d

平均日污水量 $Q_{平均} = 1.148 \times 0.85 = 0.976 \times 10^4$ m^3/d

最大时污水量 $q_{最} = 1037 \times 0.85 = 881.5 \times 10^4$ $m^3/h = 244.8$ （L/s）

2）管道布置及计算

本工程根据规划，布置管道详见图 8.2.20 污水管网平面布置图，并划分流水区域计算各管段流量由此确定管径、坡度：

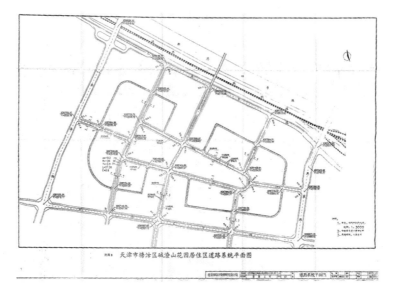

图 8.2.19　碱渣山花园居住区道路系统平面图

考虑到塘沽区为海滨城市，地下水位较高，本工程为求减小管线埋深，并控制水流速度≯2.0 m/s，起点管顶覆土 1.10 m。

3）接户井的设置

本工程沿道路每隔 100 m 左右设置一小区污水接入井，并以 D300 混凝土管埋深 1.5 m 接入道路中污水主干管中。

4）污水的出路

污水最终经胜利路与新港二号路污水主干管相接，排至污水泵站。

5）管材接口及基础

管材采用钢筋混凝土管材，胶圈接口，基础做砂石基础。

6）开挖及回填

管道采用明开挖，水窝子排水，管中以下部分回填砂石，以上部分根据施工现场回填拆房土或碱渣工程土至道路基础标高。

8.2.5.3　雨水设计

（1）雨水流量计算。

$Q = \varphi \cdot q \cdot F$（L/S）

（2）暴雨强度公式。

245

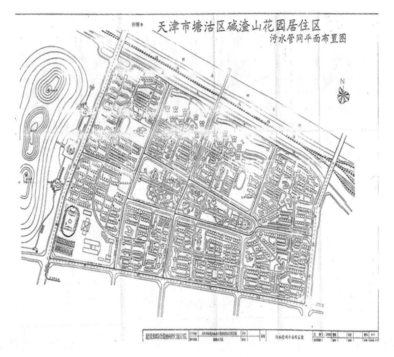

图 8.2.20　碱渣山花园居住区污水管网平面布置图

本工程采用天津市暴雨强度公式

$$q = \frac{38411(0.85\mathrm{Lgp})}{(t + 17)^{0.82}}$$

（3）基本参数确定。

设计降雨重现期，本工程取 p = 0.5 年。

降雨历时 $t = t_1 + t_2$

t_1——地面径流时间，采用 20 分钟；

t_2——管内流行时间（分钟）。

（4）径流系数 φ：考虑降雨和地面因素，具体条件，按区域规划中土地平衡情况，计算综合径流系数，取 $\varphi = 0.55$。

（5）汇水范围及雨水的排放出路

根据规划（图 8.2.21），本工程雨水最终出路为天碱泵站及四号码头泵站，并最终排至海河。根据规划，将小区中心路东侧约 66 hm² 面积雨水汇入新港四号站泵站，路西侧约 85 hm² 面积雨水汇入天碱泵站。经计算得出，汇入新港四号路泵站雨水流量为 2.80 m³/s，汇入天碱泵站雨水流量为 3.15 m³/s，小区总

246

图 8.2.21　碱渣山花园居住区雨水管网平面布置图

雨水流量为 5.95 m^3/s。

8.3　概算、资金来源及盈亏分析

8.3.1　总投资概算

具体构成如下：

（1）清理碱渣工程。

计 500×10^4 m^3，单方造价 20 元，总计 1 亿元。

单方造价构成为：

①碱渣堆场距填垫地平均距离为 7 km，7 km；碱渣装、卸、运输、搅拌，压实费用为 13.64 元/m^3。

②掺入 20% 粉煤灰费用。

③表面覆盖黄土（20cm）费用：

6.24 元/m^3 × 0.2m ÷ 平均填垫深度 1.9m = 0.66 元/m^3。

表 8.3.1 碱渣治理各项单价测算（参考天津市交通局93年运价）

项目	工程内容及费用	单价/m³ （元）
7 km 黄土 （碱渣山至填垫地点）	挖装费 2 元/m³、卸车费 1 元/m³、搅拌及压实 3 元/m³、运费 7.64 元/m³	13.64
1 km 黄土 （填垫地点原地覆盖）	装卸费 3m³，运费 2.24 元 m³，推压 1 元 m³	6.24
30 km 粉煤灰 （粉煤灰场至填垫地）	装车费 2.5 元/m³、卸车费/ m³、搅拌及压实 3 元/m³、运费 16.38 元/m³	22.88

（2）堆屏蔽山工程计 $110 \times 10^4 \ m^3$。

内容及费用如下：

①碱渣复合土堆筑蔽山 1 100 000 $m^3 \times 10$ 元/m^3 = 1 100 万元

②黏土填垫、压实 118 200$m^3 \times 25$ 元 m^3 = 295.5 万元

③砌石护坡 12 416$m^3 \times 178$ 元/m^3 = 221 万元

④绿化 59 122$m^3 \times 74$ 元/m^3 = 437.5 万元

A – D 合计 2 054 万元。

表 8.3.2 堆屏蔽山单价测算

项目	工程内容及费用	单价/m³ （元）
堆屏蔽山用碱渣	原地搅拌（含 200m 内倒运）压实	4.28
30 km 粉煤灰 （粉煤灰场至碱渣山）	装车费 2.5 元/m³、卸车费 1 元/m³、搅拌及压实 3 元/m³、运费 16.38 元/m³	22.88
堆屏蔽山复合土单价	4.28/m³ + 22.88 元/m³ × 0.25	10
黏土填垫、压实	在复合土山体表面覆盖黄土并压实	25
砌石护坡	铺砌毛石	178
绿化	种植土、排水、盲道铺设、草、木本植物种植	74

（3）拆迁费。

$20\ 000 \text{m}^2 \times 900\ 元/\text{m}^2 = 1\ 800\ 万元$

（4）雨水干管管道。

① $\varPhi 1.6\ \text{m}$　　$2\ 000\ \text{m} \times 1\ 500\ 元/\text{m} = 300\ 万元$

② $\varPhi 1.4\ \text{m}$　　$750\ \text{m}$，$\varPhi 1.2\text{m}$　$2\ 870\text{m}$，$\varPhi 1\text{m}$　$3\ 250\ \text{m}$，

③ $\varPhi 0.8\ \text{m}$　$1\ 390\ \text{m}$，$\varPhi 0.6\text{m}$　$4\ 690\ \text{m}$，合计：$12\ 950\ \text{m}$。

按平均造价 800 元/m 计算。

$12\ 950\ \text{m} \times 800/\text{m} = 1\ 036\ 万元$。

雨水干管管道小计 1 336 万元。

（5）污水干管管道。

① $\varPhi 1.2\ \text{m}$　　$3\ 500\ \text{m} \times 1200\ 元/\text{m} = 420\ 万元$

② $\varPhi 0.6\ \text{m}$　　$13\ 320\ \text{m} \times 500\ 元/\text{m} = 666\ 万元$

污水干管管道小计 1 086 万元。

（6）道路工程。

主干道路：（红线 30 m，其中车行道 15 m）

15 m 宽，5 500 m 长，计 $15.2 \times 5\ 500 = 83\ 600\ \text{m}^2$

道路工程造价 1 749 万元。

（7）预备费。

按上述（1）至（6）项总和的 5.4% 估算：

预备费为不可预见性支出，计 970 万元。

（8）资金占用费。

根据项目建设进度计划，资金投入第一年为 60%，第二年为 40%，资金占用费按年 6.21% 测算，计为 973 万元。

（9）总投资概算值。

总投资 $= 18\ 025 + 970 + 973 = 19\ 968\ 万元$

上述总投资概算（表 8.3.3），为简化计算，已将相应的土建和设备购置、安装及勘察设计等费用合并计列于各项费用之中。

8.3.2　资金筹措

项目资筹措方案如下：

项目总投资 19 968 万元，全部由塘沽区负责筹措解决。

表8.3.3 建设投资估算表

单位:万元(人民币)、万美元(外币)

序号	项目	合计			建筑工程			设备购置			安装工程			其他费用		
		万元	万美元	小计	万元	万美元	小计	万元	万美元	小计	万元	万美元	小计	万元	万美元	小计
1	清理碱渣工程	10 000	–	10 000	10 000	–	10 000									
2	堆屏蔽山工程	2 054	–	2 054	2 054	–	2 054									
3	拆迁费	1 800	–	1 800										1 800	–	1 800
4	雨水干管管道	1 336	–	1 336	1 336	–	1 336									
5	污水干管管道	1 086	–	1 086	1 086	–	1 086									
6	道路工程	1 749	–	1 749	1 749	–	1 749									
7	预备费	970	–	970										970	–	970
8	资金占用费	973	–	973										973	–	973
	合计	19 968	–	19 968	15 271	–	15 271							4 697	–	4 697

表 8.3.4 投资总额和资金筹措表　　　　　单位：万元

序号	项　目	建设期第一年	建设期第二年	合计
1	投资总额			
1.1	建设投资	11 981	7 987	19 968
1.2	铺底流动资金	—	—	—
	小计	11 981	7 987	19 968
2	资金筹措			
2.1	自筹资金	11 981	7 987	19 968
2.2	贷款或其他	—	—	—
	小计	11 981	7 987	19 968

8.3.3　盈亏分析

1）土地转让收入预测

初步测算，实际可供转让土地为 89.76 万元/m²，转让土地价格保守估算为 410 元/m²。

土地转让收入为 89.76 万元 m² × 410 元/m² = 36 801.6 万元。

2）土地转让有关税费

营业税：税率为 5%。营业税金为 36 801.6 万元 × 5% = 1 840 万元。

城市维护建设费、教育费附加按营业税金的 10% 计算为 184 万元。

管理费用：项目管理费包括工程监理费、招标、管理人员工资、办公、交通等费用，按 4.58/m² 计算，为 411 万元。

3）计算总开发成本

A. 先期待治理碱渣及拆迁等 10 000 万元。

B. 本次实施方案概算 19 968 万元。

A－B 两项合计 29 968 万元。

4）经营利润

经营利润 = 总收入 36 801.6 万元 – 总成本 29 968 万元 – 有关税费 2 435 万元 = 4 398.6 万元

5) 所得税及净利润

（1）所得税。

项目所得税税率按33%计算

所得税 4 398.6 万元 × 33% = 1 451.5 万元

（2）净利润。

净利润 = 4 398.6 元 – 1 451.5 万元 = 2 947.1 万元

（3）开发成本净利润率。

开发成本净利润率 = 2 947.4 万元 ÷ 29 968 万元 × 100% = 9.8%

以上一系列静态指标达到了良好的水平。

6) 盈亏平衡点分析：

计算损益两平的盈亏平衡点 BEPC：

$$BEPC = \frac{10\ 000}{236\ 802 - 2\ 024 - 19\ 968} \times 100\% = 67.52\%$$

即项目 BEPC 为 67.52%，只有达到开发收入额为 24 849 万元时项目才能做到损益两平。

8.3.4 计算动态指标

编制全投资财务现金流量表（表 8.3.5），取基准折现率 12% 折现。

项目预售率为 50%，即在建设期第 2 年，可转让增值土地一半。（按有关政策，成片土地开发，有 10×10^4 m² 以上熟地，即可开始预售）。

（1）全投资财务内部收益率：

$$FIRR = 12\%$$

（2）全投资财务净现值：

$$FNPV = 正临界值$$

（3）全投资回收期：

$$Pt = 13 + \frac{1 - 1\ 0931}{3\ 628} = 13.3\ 个季度$$

即项目投资回收期约为 13.3 个季度，约为 4 年。

（4）敏感性分析。

根据转换分析结果，选择总投资、开发收入、开发成本三个因素变动，敏感性分析如表 8.3.6 所示：

252

表8.3.5 财务现金流量表

序号	项目	季度														
		1	2	3	4	5	6	7	8	9	10	11	12	13	14	15
1	现金流入															
1.1	开发收入	-	-	-	-	-	-	9 201	9 201	-	4 600	4 600	-	4 600	4 600	
1.2	借款	-	-	-	-	-	-	-	-	-	-	-	-	-	-	
1.3	其他	-	-	-	-	-	-	-	-	-	-	-	-	-	-	
	小计	-	-	-	-	-	-	9 201	9 201	-	4 600	4 600	-	4 600	4 600	
2	现金流出															
2.1	开发成本	12 995	2 995	2 995	2 995	1 997	1 997	1 997	1 997	-	-	-	-	-	-	
2.2	管理费用	-	-	-	206	-	-	-	205	-	-	-	-	-	-	
2.3	土地转让税费	-	-	-	-	-	-	-	1 218	-	-	609	-	-	609	
2.4	土地增值税	-	-	-	-	-	-	-	-	-	-	-	-	-	-	
2.5	所得税	-	-	-	-	-	-	-	726	-	-	363	-	-	363	
2.6	其他	-	-	-	-	-	-	-	-	-	-	-	-	-	-	
	小计	12 995	2 995	2 995	3 201	1 997	1 997	1 997	4 146	-	-	972	-	-	972	
3	净现金流量	-12 995	-2 995	-2 995	-3 201	-1 997	-1 997	-7 204	5 055	-	4 600	3 628	-	4 600	3 628	
4	累计净现金流量	-12 995	-15 990	-18 985	-22 186	-24 183	-26 180	-18 976	-13 921	-13 921	-9 321	-5 693	-5 693	-1 093	2 535	

表 8.3.6　敏感性分析

项目	FIRR	结论
基本方案	12%	可
总投资 +10%	低于 12%	否
开发收入 −10%	低于 12%	否
开发成本 +5%	低于 12%	否

敏感性因素分析表明，项目对总投资、开放收入和开发成本三个因素均属敏感，项目抗风险能力不理想，项目总投资和开发成本膨胀余地很小，项目大体为微盈利状态。

8.3.5　国民经济评价

1）基本数据的调整

（1）社会折现率采用 12%；

（2）土地费用不调整；

（3）建筑工程费采用换算系数 1.1；

（4）本项目不计算外部效益和费用；

（5）建设投资调整后增加了 1527 万元，从而开发成本由 29 968 万元调整为 31 495 元。

2）编制国家经济效益费用流量表（全部投资）

详见表 8.3.7。

（1）经济内部收益率

$$EIRR = 12\%$$

（2）经济净现值

$$ENPV = 正临界值$$

本项目中间效益十分明显，即由于采取碱渣治理措施，则将大大改善塘沽中心区的环境污染状况，本项目减少各项环境污染治理费用难以定量计算。因此，项目实际的经济内部收益率将远远高于 12%。

有关项目间接效益即改善环境、治理污染的定性分析，详见本实施方案有关章节内容。

表8.3.7 国民经济效益费用流量表（全部投资）

序号	项目	季度														
		1	2	3	4	5	6	7	8	9	10	11	12	13	14	15
1	效益流量															
1.1	开发收入	–	–	–	–	–	–	9 201	9 201	–	4 600	4 600	–	4 600	4 600	
1.2	回收流动资产余值															
1.3	回收流动资金															
1.4	项目间接效益															
	小计	–	–	–	–	–	–	9 201	9 201	–	4 600	4 600	–	4 600	4 600	
2	费用流量															
2.1	开发成本	13 224	3 224	3 224	3 224	2 149	2 149	2 150	2 150							
2.2	流动资金															
2.3	经营费用				206				205							
2.4	项目间接费用															
	小计	13 224	3 224	3 224	3 430	2 149	2 149	2 150	2 355							
3	净效益流量	–13 224	–3 224	–3 224	–3 430	–2 149	–2 149	7 051	6 846	–	4 600	4 600	–	4 600	4 600	

8.4 工程综合效益分析

碱渣治理开发工程是一项对工业废弃物进行治理的环境保护工程。它不同于一般的房地产开发建设项目，因此，对该项工程的综合效益进行分析有其特殊的意义。

8.4.1 治理碱渣山的重要性和紧迫性

塘沽区是天津市政府要在十年内基本建成的滨海新区的中心城区，又是天津港所在地，在天津市整体经济发展战略中占有重要地位。作为对外招商引资的窗口，其自然环境状况、人文环境及社会环境质量的优劣，都将影响着区域经济的形成和发展。碱渣山是天津市最大的工业固体废弃物污染源，它一直是塘沽区历届人民政府的心腹之患，也是塘沽区几代人梦寐以求要搬走的"三座大山"。

对碱渣治理开发的研究是伴随着时代的步伐而逐渐深化的。早在五六十年代，出于对企业自身发展的考虑，天津碱厂便开始了科研工作，并先后进行了碱渣制水泥、碱渣制土填垫的试验，但由于受当时历史条件的局限和诸多客观因素的制约，均未在工程实践中得到大范围推广。随着塘沽地区改革开放和经济建设的发展，碱渣山的污染影响和危害性日益突出，成为制约城市环境、经济增长和滨海新区可持续发展的一大障碍。同时，由于它地处天津港、天津经济技术开发区、天津港保税区和塘沽区的要塞，使一港三区之间的区域交通受到阻碍和制约，严重影响该地区的对外开放和招商引资工作。

因此，塘沽区政府于1996年明确提出，治理碱渣是一项宏伟的工程，必须勇敢地肩负起这一历史的责任。政府本着对人民负责的精神，将利用三到五年的时间完成治理碱渣山的工作。自此，这一跨世纪的污染治理开发工程一直得到了天津市委、市政府的高度重视和关注，市主要领导多次亲临塘沽区检查，指导碱渣治理开发工作。与此同时，为保证这项庞大的系统工程顺利实施，各级政府职能部门又先后制定了各项鼓励支持开发企业的优惠政策、规定。作为治理开发工程实施基础的碱渣制工程土技术研究成果也不断得到完善、提高，并取得了国家建设部、国家环保总局的鉴定认可。这一系列的高效有序的运作，使碱渣治理开发工程赢得了广泛的社会影响和赞誉，人民群众纷纷赞誉这是一件功在当代、利在子孙的得民心工程。因此，可以认为，对这项治理污染、整治环境、造福于人民的工程，其社会效益、环境效益无论怎样评价也不为过。

256

8.4.2　工程综合效益分析

由于此项工程属于环境污染治理项目，且规模宏大，占用资金较多，周期较长，其治理开发的经济效益不会在开发时期就能够明显表露出来，投资的近期回报不会乐观。因此，考虑到开发商自身生存发展的需要，在借贷方式的确定上应充分注意这一特殊性，应当有所保护、有所倾斜，急需得到有力的资金支持，实现滚动开发，以保护其参与这项利国利民、意义重大的环境保护工程建设者的积极性，并确保此项工程能够顺利完成。

分析该项目远期可能产生的经济效益，由于碱渣山全部治理完毕，污染源得以彻底根治，使原占用土地重见天日。随着该地块城市配套设施的逐步建成、完善，它的利用价值将日益明显，这是由它的区位优势（城区中心）、地理优势（多个经济活跃区交汇处）、环境优势（市级重点学校、园林景观）所决定的。它必将赢得众多房地产开发商的青睐，而在此地按照总体规划建成的花园居住小区一定会成为塘沽区人民改善居住条件的首选之地。因此，可以认为，该项目远期的回报应当是乐观和肯定的。

8.5　工程实施及成果

8.5.1　工程施工过程

塘沽区碱渣治理工程是国内乃至全世界最大的碱渣治理工程。

日日夜夜，朝夕不止。经过治碱大军的不懈奋战，$1\,600 \times 10^4 \ m^3$ 的碱渣被清理转而制成工程土，填垫坑塘洼地 $975 \times 10^4 \ m^2$，腾出土地 $350 \times 10^4 \ m^2$。见照片 8.5.1 ~ 照片 8.5.18。

照片 8.5.1　工程测绘

照片 8.5.2　碱渣开挖

照片8.5.3　碱渣开挖

照片8.5.4　碱渣开挖

照片8.5.5　深挖碱渣

照片8.5.6　清运碱渣

照片8.5.7　清运碱渣

照片8.5.8　清运碱渣

照片 8.5.9 清运碱渣

照片 8.5.10 清运碱渣

照片 8.5.11 碱渣制工程土搅拌现场

照片 8.5.12 平整填垫了碱渣制
工程土的场地

照片 8.5.13 碱渣制工程土载荷试验

照片 8.5.14 挑灯夜战

照片 8.5.15　堆积碱渣造山

照片 8.5.16　堆积碱渣造山

照片 8.5.17　堆积碱渣造山

照片 8.5.18　保留下来的碱渣山
将建成假山景观

8.5.2　治理工程成果

　　截至目前，碱渣山治理工程已经实现区域内的"五个一工程"，即：一座山体公园、一所高标准示范中学、一个智能化居住区、一个中心湖、一条景观河。该地区目前还建成了占地 160×10^4 m^2 的散货物流中心、占地 76×10^4 m^2 的港口配套用地和占地 4×10^4 m^2 的滨海电厂。

　　今天，昔日寸草不生的"死地"变成了碧水蓝天的"乐园"。原先的碱渣山如今变成了一座占地 33×10^4 m^2，山体表面积 36×10^4 m^2，主峰高达 31.9 m 的山体公园——紫云公园。公园利用碱渣制工程土 500×10^4 m^3、表面覆盖 0.8～1.2 m 种植土。园内培植花卉 4 万余株，草坪 16×10^4 m^2，种植乔、灌木树种百余种 30 万余株，长势葱郁，有数十种鸟类来此栖息（照片 8.5.19～照片 8.5.29）。

　　紫云公园建设工程作为全世界首例利用工业废料建设环保型公园的创举，不仅大大改善了塘沽区的生态环境，也为区内增加了一个供居民游玩观赏的标志性建筑，一举两得。

照片8.5.19　紫云公园大门

照片8.5.20　紫云公园广场

照片8.5.21　紫云公园

照片8.5.22　紫云公园

照片8.5.23　公园主峰与湖

照片8.5.24　紫云公园

照片 8.5.25　碱渣山体假山景观

照片 8.5.26　公园中心湖

照片 8.5.27　凭湖远望

照片 8.5.28　山间小路

照片 8.5.29　公园社区相得益彰

　　紫云中学作为天津市重点学校，是塘沽区内的教育示范试点校。几年来一直保持高升学率，在昔日"死地"上培养着一批又一批未来的国家栋梁（照片 8.5.30，照片 8.5.31）。

照片 8.5.30　紫云中学

照片 8.5.31　紫云中学

　　从前粉尘肆虐的碱渣山地区，如今建成了集住宅、景观、生态、文化于一体的综合社区 11 个（表 8.5.1，照片 8.5.34～照片 8.5.43）。区内的紫云国际住宅小区（照片 8.5.35），总占地面积 4.98×10^4 m^2，总建筑面积 14.96×10^4 m^2，绿化率达到 50%，拥有 1∶1 的车位配置，是紫云居住区的点睛之作。紫云际毗邻紫云公园，住宅与绿化相互呼应，相得益彰。

照片 8.5.32 　　　　　　　　　　　　　　照片 8.5.33　紫云国际小区

表 **8.5.1**　三号路碱渣山治理腾让土地建设成果一览表　单位：$\times 10^4$ m^2

建筑名称	规划面积	住宅面积	配套用地	绿化用地	建筑面积	地下建筑面积	停车泊位	平均层数	总住户	居住人口	平均面积
紫云园	110 700	296 100	27 232	35%	3 203 300		2 218	11.1	2 218	7 763	114
紫云国际	49 816	23 951	1 190	42%	137 011	12 500	928	28	928	2 784	147
华云园	116 000	134 000	5 000	35%	139 000		460	6	1 068	2 883	128
芳云园	70 800			1 630	40%	94 500		6	862	2 586	81.1
紫云华庭	10 800	28 015.5	4 226.1	30%	32 241.6	3 060	339		300	900	107
幸福家园	28 321.1	61 900	13 883	30.2%	71 002	4 781	339	18	564	1 692	100
紫云雅苑	16 040	9 624.2	1 925.2	5 612	59 794	8 420	337	32	478	1 339	95
馨苑新城	17 795	32 000			39 000		209	6	310	992	125
东海云天	36 599.2	113 475	1 981	9 848	137 263	23 788	1 028	22	1 028	3 290	90.5
贻芳家园	31 378	73 155		10 834	80 276		480		684	2 652	116
新城家园	194 144	115 884	19 600	39 600	795 886	117 112	4 984	30.5	6 613	21 162	81.2
紫云中学	66 667				40 388						

照片 8.5.34　紫云园小区

照片 8.5.35　华云园小区

照片 8.5.36　芳云园小区

照片 8.5.37　紫云华庭小区

照片 8.5.38　幸福家园小区

照片 8.5.39　紫云雅苑小区

照片 8.5.40　馨苑新城小区

照片 8.5.41　东海云天小区

照片 8.5.42　贻芳嘉园小区

照片 8.5.43　新城家园小区

新华社、中央电视台、《人民日报》、《中国环境报》、《经济日报》、《国土资源报》、《中国建设报》、《凤凰周刊。新滨海》等全国各大新闻媒体大篇幅登载天津市塘沽区碱渣工业污染治理及资源化利用，认为是值得推广的环保经验。

碱渣治理及绿化工程被收录在《天津600年纪念》中。2000年碱渣土的工程利用项目被列为建设部科技成果推广转化指南项目（附件四）。2005年10月荣获天津市科学技术成果鉴定证书。2005年11月参加国家发改委组织的"节约型社会成果展"。2006年3月荣获国家建设部颁发的"2005年中国人居环境范例奖"（照片8.5.44）。2006年4月荣获新华社、今晚传媒集团颁发的五大战略举措奖（照片8.5.45）。紫云公园景区被收录在《中国旅游景点大全》内。

照片8.5.44　中国人居环境范例奖

照片8.5.45　五大战略举措奖

塘沽区碱渣治理工程已经产生了巨大的环境效益、经济效益和社会效益。这一伟大的治理工程不仅改善了当地的大气环境质量，同时消除了对人民群众身体健康和海河水体的影响，更美化了城市景观，为塘沽区和滨海新区的发展扫除了一大障碍，为其他工程提供了非常典型的优良范例。

参 考 文 献

1. [美]H. 范. 奥尔芬著,许冀泉等译:黏土胶体化学导论. 1982

2. [日]Ayao Kitahara &Akira Watanabe 著,邓彤、赵学范译:界面电现象. 北京:北京大学出版社,1992

3. 姚允斌,郭见扬:夯能沿深度的分配问题. 土工基础,1996,9

4. 周祖康,顾锡人,马季铭:胶体化学基础. 北京:北京大学出版社,1991

5. 天津碱厂含碱废液处置方案的探索研究报告. 核工业部北京第五研究所,1985.9

6. 碱渣回填造陆可行性研究报告. 天津水利料学研究所,1993.8

7. 制碱固体废料的物质成分微结构特征及其性质的综合测定结果. 中国科学院地质研究所,1993.10

8. 塘沽区碱渣山花园小区工程地质初步勘察报告. 建设部综合勘察研究设计院,1998.8

9. 天津碱厂2号、6号渣场工程地质勘察报告. 天津大学岩土工程公司,1994.4

10. 天津碱厂碱渣造陆及加固方法研究成果报告. 天津大学岩土工程公司,1994.4

11. 碱渣腐蚀试验挂靠. 天津港湾工程研究所,1994.4

12. 真空预压加固碱渣浮泥. 天津港湾工程研究所,1994.4

13. 把碱渣变成工程土的科研成果综述. 天津碱厂,1994.11

14. 经炭化压滤的碱渣的工程特性测试研究报告. 天津大学岩土工程研究所,1994.2

15. 碱渣回填土的技术规程. 建设部建设环境工程技术中心,1997.12

16. 低位抽真空加固碱渣试验区加固效果检测报告. 天津大学岩土工程研究所,1994.12

17. 建筑地基基础设计规范(GBJ7−89). 北京:中国建筑出版社,1989

18. 土工试验规程(SDIII28−84). 北京:水利水电出版社,1987

19. 碱渣土的工程性能试验报告. 天津大学岩土工程研究所,1997:9

20. 闻树旺,邱长林:低位真空加固软基的有限元分析. 岩土工程师,1997:4

21. 闫树旺,祁寿簏,程松林:工业废料碱渣作为工程土应用的理论和实践. 粉煤灰,1997.4

22. Yan ShuWaⅡg & Qiu changjiⅡ:Finite element analysis of soft fouⅡdationstrepgthening by vacuum loading from lower position, China OceanEngineering, Vol. 11, No. 1, PP. 109−118,1997

23. 闻澎旺,祁寿簏:碱渣土工程性能的试验研究. 石油工程建设,1997(4)

24. 钱征:天津新港软土的一些工程特性. 天津软土地基,天津:天津科学技术出版社,1987

25. 李月永,闫澎旺:碱渣的微结构分维特征. 岩土力学,1998(4)

26. 钱家欢,殷宗泽:土工原理与计算. 北京:中国水利水电出版社,1996

27. 工程地质手册编写组:工程地质手册(第二版). 北京:中国建筑工业出版社,1995

28. [美]罗宾. 巴瑟斯特:碳酸盐沉积物及其成岩作用. 北京:科学出版社,1997

29. J. D. 米利曼:现代沉积碳酸盐(第一卷). 北京:地质出版社,1978

30. 陈伍平:纯碱与烧碱. 北京:化学工业出版社,1988

31. 胡瑞林等:变形条件下黄土微结构分析特征及其过程意义,分形理论及其应用(论文

集），北京：中国科学技术出版社，1993

32. 肯尼思．法科尔内：分形几何 – 数学基础及其应用．东北工学院出版社，1991.8

33. Phil Laplante：分形图形基础与编程技巧．北京：学苑出版社，1994

34. 胡瑞林，李向全等：黏性土微结构的定量化研究进展∥分形理论及其应用（论文集）．北京：中国科学技术出版社，1993

35. 刘式达，刘式适：分形和分维引论，北京：气象出版社，1993

36. 王域辉，廖淑华等：沉积岩孔隙空间的分形结构∥分形理论及其应用（论文集），北京：中国科学技术出版社，1993

37. 施斌：黏性土击实过程中微观结构的定量评价．岩土工程学报，1996(18)：4

38. 施斌，李生林：击实膨胀土微结构与工程特性的关系．岩土工程学报，1988(10)：6

39. 孙龙祥等：深度图像分析．北京：电子工业出版社，1996

40. 崔屹：数字图像处理技术与应用．北京：电子工业出版社，1996

41. 王煦法等：C 语言图像处理程序设计．合肥：中国科技大学出版社，1993

42. 胡瑞安：分形的计算机图像及应用．北京：中国铁道出版社，1995

43. 王润生：图像理解．国防科技大学出版社，1994

44. 董连科：分形理论及其应用．沈阳：辽宁技术出版社，1991

45. 张毅军等：二维图像阈值分割的快速递推算法．模式识别与人工智能，1997(10)：3

46. 林宗元：岩土工程勘察设计手册，沈阳：辽宁科学出版社，1996.3

47. 林宗元：岩土工程治理手册，沈阳：辽宁科学出版社，1993.9

48. 林宗元：岩土工程试验监手册，沈阳：辽宁科学出版社，1994.12

49. 陈希哲：土力学地基基础，北京：清华大学出版社，1982.5

50. 杨英华：土力学，北京：北京地质出版社，1987.5

51. 高大钊：土力学可靠性原理．北京：中国建筑工业出版社，1989.12

52. 岩土工程勘察规范（GB – 50021 – 94）．北京：中国建筑工业出版社，1995

53. James K Mitchell：Foundation of soil behavior，John Wiley& Sons, Inc. ,1993

54. J. T. Daives and E. K. Rideal：Interfacial Phenomena, '2nd ed. , Academic Press,1963

55. M. J. Rosen：Surfactants and Interfacial Phenomena, Wiley – Interscience,1978

56. R. D. Vold and M. J. Vold：Colloid and Interface Chemistry, Addison – Wesley,1983

附件1 碱渣土回填的技术规程

碱渣土回填的技术规程

1.1 准备工作

土方回填前应作好以下各项准备工作:

清除填方基底上的树墩、主根及坑穴中的积水、淤泥和杂物。在房屋和构筑物地面下的填方或厚度小于 0.5 m 的填方,应清除基底上的草皮、垃圾和软弱土层。在土质较好、坡面不陡于 1/10 的较平坦场地填方,可不清除基底上的草皮,但应清除长草。当填方基底为耕植土或松土时,应将基底充分夯实或碾压密实。在水田、沟渠或池塘上填方时,应根据不同情况采用排水疏干、挖除淤泥或抛填块石、砂、砾、矿渣等方法进行处理。填土区如遇有地下水或滞水时,必须设置

排水设施,以保证正常施工。

1.2 一般要求

1.2.1 土料选用

用于填方的碱渣土应符合设计要求,保证填方的强度和稳定性,如设计无要求时,应符合下列规定:

(1)当碱渣与其他材料拌和形成复合型碱渣土时,应进行机械或人工搅拌。

(2)碱渣土可用于表层下的填料。碱渣土填垫层表面应铺垫 15 cm 以上的黄土作为防护层,以防止碱渣土的风干和粉化。

1.2.2 土料处理

填土应严格控制含水量,施工前应检验,当土的含水量大于控制范围时,应采用翻松、晾晒、风干法降低之含水量,或采取均匀掺入干土或其他吸水材料等措施来降低。若由于含水量过大夯实时产生橡皮土,应翻松晾干至控制范围内时再回填夯实。若含水量偏低,可采用预先洒水润湿。每立方米铺好的土层需要补充水量按下式计算:

$$V = \frac{\rho_{\mathrm{W}}}{1 + W}(W_{\mathrm{OP}} - W) \tag{1}$$

式中:V——单位体积内需要补充的水量(L)

　　　W——土的天然含水量(%)(以小数计);

　　　W_{OP}——土的最优含水量(%)(以小数计);

　　　ρ_{W}——填土碾压前的密度($\mathrm{g/cm^3}$)。

当用喷水器润湿前,先用秒表测量单位时间喷水器的流量,然后确定 1 $\mathrm{m^3}$ 及整个润湿需用的洒水时间。

1.2.3 作业要求

对于有密实度要求的填方,应按所选用的土料,压实机械的性能,通过试验确定含水量的控制范围,每层铺土的厚度,压实遍数,进行水平分层铺土碾压达到设计规定的质量要求。

对于无密实度要求或允许自然沉实的填方,可直接填筑,不压(夯)实,但应预留一定的沉陷量。

对填筑路基、土堤等土工构筑物,应严格按设计规定的铺土厚度回填并压实,使之有足够的强度与稳定性。

1.3 复合型碱渣土的拌和

(1)如设计无要求,碱渣与粉煤灰或增钙灰的配合比为 8:2(体积比)。

(2)较干碱渣的机械搅拌。

碱渣渣场比平地高 6 m 左右,最上 3 m 范围内可视为较干燥碱渣。其特点是由挖掘机挖出堆成堆,无析水现象,约有 50% 散落。

较干碱渣土搅拌,一般采用装载机按比例堆成堆,将碱渣与粉煤灰或增钙灰按 8:2 配比;堆底铺三斗碱渣,然后上铺一斗粉煤灰或增钙灰,其次于粉煤灰或增钙灰土覆三斗碱渣,再于第二层碱渣上覆盖一斗粉煤灰或增钙灰,最后再覆盖二斗碱渣,按配比堆成后,用装载机倒堆四次,一般即可搅拌均匀,然后用推土机推至回填地点。

(3)较湿碱渣的机械搅拌。

碱渣渣场挖取 3 m 以下的碱渣,可视为较湿的碱渣。其特点是由挖掘机挖出准成堆,碱渣有析水现象,严重时可发生流淌情况。

其搅拌方法为:按配比(体积比)用第一种方法堆成堆,然后用推土机推平均 50 cm 高左右,在搅拌场地内,推土机往复推压三遍,即可搅拌均匀,最后推至回填地点。

（4）人工搅拌。

按配比将碱渣于场地内铺约 30 ~ 40 cm，上铺盖粉煤灰或增钙灰，人工用锨翻倒三次，过湿的碱渣需翻倒四次，由于人工翻倒机械性能较差，块状碱渣不易破散，需人工将其切开，随切随翻倒，这样碱渣与粉煤灰或增钙灰搅拌得比较均匀，即可用于回填。

1.4 普通碱渣土的回填

1.4.1 机械填土

机械搅拌之碱渣土需推至回填地点，厚度约 50 ~ 60 cm，这时还不能立即进行碾压，需经约 8 天时间，方可上推土机碾压。较湿碱渣一般需 10 至 12 天时间晾晒（冬季需酌情延长晾晒时间），晾晒后的碱渣土捣碎后，应立即上推土机进行碾压。将推至回填地点约 50 ~ 60 cm 厚的碱渣土用推土机推平，剩 40 cm 厚，进行碾压，大坡度回填亦应分层推平，不得居高临下，不分层次，一次推填。推土机碾压需来回行驶三次，每次碾压时履带应重叠一半。这样往复三次后，行驶推土机回填之碱渣土不再有明显下沉，即达到回填要求。

1.4.2 人工填土

人工搅拌之碱渣土，没有经过重机械碾压，搅拌完毕后，成松散状，随搅拌随回填，如遇到过湿碱渣搅拌的碱渣土，也需晾晒 2 天左右，达到手握成团，落地开花程度，方可用人工铺垫夯实。人工夯实时，每次虚铺厚度约 20 ~ 30 cm。人工用夯夯实两遍，上人踩无明显下沉现象，即达到回填要求。

1.5 优质碱渣土的回填和压实

1.5.1 压实的一般要求

（1）密实度的要求。

填方的密实度要求和质量指标通常以压实系数 λ_c 表示。压实系数为土的控制（实际）干密度 ρ_d 与最大干密度 $\rho_{d\,max}$ 的比值。最大干密度 $\rho_{d\,max}$ 是当最优含水量时，通过标准击实方法确定的。密实度要求一般由设计根据工程结构性质，使用要求以及土的性质确定的。如未作规定，压实系数应达到 0.90。压实填土的最大干密度 $\rho_{d\,max}$ 宜采用击实试验确定。

（2）含水量的控制。

填方含水量的大小，对土的回填压实效果有直接影响。在压（夯）实前应预先试验求出符合密实度要求条件下的最优含水量和最少压（夯）实遍数。

填土压实时，应使回填土的含水量在最优含水量范围时，各种碱渣土的最优含水量和最大干密度的参考值如表 1.1。工地简单检验一般以手握成团落地开花为适宜。

表1.1　碱渣土的最优含水量和最大干密度参考表

土的种类	变动范围	
	最优含水量%（重量比）	最大干密度（kN/m³）
碱渣土	45～55	8.2～9.0

土的种类	变动范围	
	最优含水量%（重量比）	最大干密度（kN/m³）
碱渣土	45～55	8.2～9.2

（3）铺土厚度和压实遍数。

填方每层铺土厚度和压实遍数视土的性质、设计要求的压实系数和使用的压（夯）实机具性能而定,一般应进行现场碾（夯）压试验确定。表1.2为压实机械和工具每层铺土厚度和所需的碾压（夯实）遍数的参考数值。

表1.2　填方每层的铺土厚度和压实遍数

压实机具	每层铺土厚度（mm）	每层压实遍数（遍）
平碾	200～300	6～8
蛙式打夯机	200～250	3～4
推土机	200～300	6～8
拖拉机	200～300	8～16
人工打夯	不大于200	3～4

1.5.2　压实方法要点

（1）填方施工应从场地最低处开始,水平分层整片回填碾压（或夯实）。必须分段填筑时,每层接缝处应作成斜坡形（倾斜度应大于1∶1.5）,碾迹重叠0.5～1.0 m,上下层接缝距离不应小于1 m。

（2）为保证填土压实的均匀性及密实度,避免滚子下陷,在重型碾压机碾压之前,应先用轻型压实机械（如拖拉机,推土机）推平、低速行驶压4～5遍,使表面平实。

（3）碾压机械压实填方时,应控制行驶速度,超过一定限度,压实效果显著下降,一般不应超过下列规定:平碾、动碾2 km/h。

（4）机械填方时,应保证边缘部位的压实质量。对不要求边坡修整的填方。边缘应宽填1.5 m,对要求边坡整平拍实的地方,边缘宽填不少于0.2 m。

（5）用压路机机械大面积填方碾压时,应从两侧逐渐压向中间,每层碾压轮迹应有15~20 cm的重叠度,避免漏压,轮子的下沉量一般压至1~2 cm为度。碾压不到之处,应用人力夯或小型夯实机配合夯实。

（6）用运土工具压实时,运土工具的移动须均匀分布至填筑层的全面。

（7）平碾碾压一层完后,应用人工或机械(推土机)将表层拉毛。土层表面太干时,应洒水湿润后,继续回填,以保证上下层结合良好。

（8）人力大面积夯实填土时,夯前应初步平整,夯实时要按照一定方向进行,一夯压半夯,夯夯相接,行行相连,每遍纵横交叉,分层夯打。夯实基坑(槽)、地坪时,行夯路线应由四边开始,然后再夯中间。

（9）填方应按设计要求预留一定沉降量,以备自然下沉。如设计无要求时,可根据工程性质,填方高度,填料种类,压实系数和地基情况等因素确定,沉降量可按不超过填方高度的3%预留。

（10）填土区如有地下水或表面滞水时,应在四周设排水沟和集水井将水位降低。已填好的土如遭受水泡应把上层稀泥铲除后,再进行下道工序。填方区应碾压成中间稍高两边稍低,以利排水。

（11）碱渣土填垫后机械压实找平,然后应进行现场和室内测试试验,以保证达到填垫场地规定的承载力。

（12）碱渣土填垫后其面层需覆盖30 cm厚黄土或其他无污染工业废渣土以保证其一定的含水量。

附件2 建设部科学技术鉴定证书

成果	登记号	
登记	批准日期	

科 学 技 术 成 果 鉴 定 证 书

建科鉴字[97] 第 95 号

成 果 名 称：天津碱厂碱渣土的工程利用研究

完 成 单 位：建设部建设环境工程技术中心
建设部综合勘察研究设计院

鉴 定 形 式：

组织鉴定单位：建 设 部 科 技 司 （盖章）

鉴 定 日 期：一九九七年十二月二十三日

鉴定批准日期：

国家科学技术委员会
一九九四年制

276

简要技术说明及主要技术性能指标

　　天津碱厂是具有七十多年历史的老厂，氨碱法生产纯碱过程中，产生了大量的废渣，现已在塘沽区中心地带形成三座碱渣山，占地约 2.88km²，严重污染城市环境，且影响了天津保税区和开发区的发展。由于碱渣现无处堆放，制约了天津碱厂的生产发展，并威胁着该厂的生存。基于上述原因，天津市政府和天津碱厂会同有关部门，决定进行碱渣土的工程利用研究，将碱渣制成碱渣土用于大规模的低洼区、滩涂区的工程回填，从根本上解决天津碱厂碱渣无处堆放和引起的环境恶化问题。这一研究项目产生的直接经济效益为 30 亿元左右，因而社会效益、经济效益与环境效益极为显著。

　　本项目主要研究内容和技术性能指标如下：
　　1、碱渣土的工程性能研究
　　　　(1) 物理指标
　　　　(2) 力学指标
　　　　(3) 现场地基承载力试验

　　2、碱渣土的工程利用研究
　　　　(1) 经碳化压滤碱渣土
　　　　(2) 软基加固
　　　　(3) 改性处理
　　　　(4) 双层地基
　　　　(5) 碱渣制工程用土

　　3、碱渣土环境影响研究
　　　　(1) 碱渣对建筑材料及其制品影响
　　　　(2) 碱渣土对生态环境影响

推 广 应 用 前 景 与 措 施

  目前，国内外对碱厂产生的碱渣大规模处理没有找到合适的方法，都或多或少存在污染问题，且碱渣的处理费用越来越高，严重影响了碱厂的生存和发展．我国现有多个大型碱厂，年产碱渣上千万吨，本项目研究解决了天津碱厂碱渣大规模处理利用问题，为其它碱厂指明了行之有效的碱渣处理方法，因而有着很大的应用推广市场，必将产生更大的社会、经济与环境效益．

主 要 技 术 文 件 目 录 及 来 源

1、"天津碱厂碱渣土的工程利用研究"项目研究报告，建设部
   建设环境工程技术中心提供.

2、"天津碱厂碱渣土的工程利用研究"项目科研成果查新报告，
   中国科技情报信息研究所提供.

鉴　定　意　见

　　1.本项目成果技术资料、文件齐全，符合鉴定要求，达到了合同规定的技术指标。项目总体技术设计正确，理论基础和技术方法坚实可靠，技术文件采用的技术数据、图表准确，系统完整，实用性强。本成果是一项制碱工业废弃物利用"变废为宝"的环境工程研究成果，对有效利用土地资源和改善环境有重要意义。

　　2.本项目通过大量可靠的室内外试验和工程实践，解决了碱渣土的工程性能、工程利用、环境影响等三方面的问题。本项目研究结果证明碱渣土可以做为工程用土，不仅可以在天津塘沽区大规模用于低洼地区和滩涂工程填垫，而且可以提高改善生态环境。

　　3.本项目成果具有碱渣处理费用低，碱渣土工程利用技术可靠、易操作等特点，为我国大型碱厂碱渣大规模处理提供了可行的技术方法和途径。

　　4.本项目具有显著的社会效益、经济效益和环境效益。

　　总之，本项目总体上达到了国际先进水平，可在国内其它大型碱厂碱渣处理方面进行推广应用。建议进一步扩大工程利用，加强监测，调整设计，指导施工。

鉴定委员会主任：_____　副主任：_____

1997 年 12 月 23 日

280

主 持 鉴 定 单 位 意 见

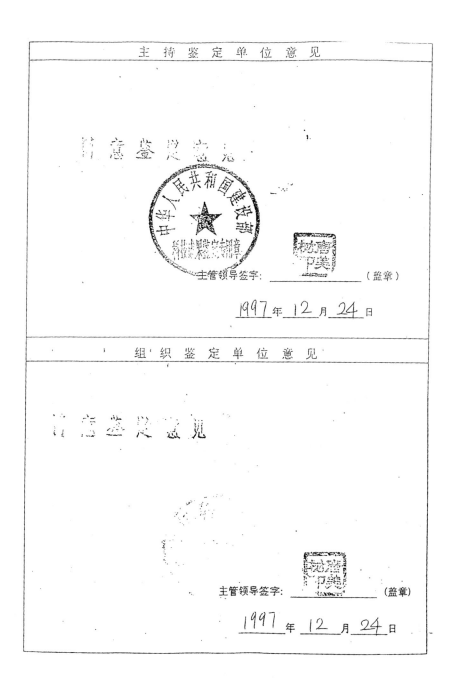

同意鉴定意见

主管领导签字：＿＿＿＿＿＿＿（盖章）

1997 年 12 月 24 日

组 织 鉴 定 单 位 意 见

同意鉴定意见

主管领导签字：＿＿＿＿＿＿＿（盖章）

1997 年 12 月 24 日

281

科 技 成 果 完 成 单 位 情 况

序号	完成单位名称	邮政编码	所在省市代码	详细通信地址	隶属省部	单位属性
1	建设部建设环境工程技术中心	100007		北京市东直门内大街177号	建设部	1
2	建设部综合勘察研究设计院	100007		北京市东直门内大街177号	建设部	1
3						
4						
5						
6						
7						
8						

注: 1. 完成单位序号超过8个可加附页，其顺序必须与鉴定书封面上的顺序完全一致。

2. 完成单位名称必须填写全称，不得简化，与填入公章完全一致，非填入完成单位名称的第一栏中，并把人完成和名称和名称则填入第二栏中，其下属机构名称则填入第二栏中。

3. 所在省市代码由组织鉴定单位按省、自治区、直辖市和国务院各部门及其他机构名称代码填写。

4. 详细通信地址写明省(自治区、直辖市)、市(地区)、县(区)、街道和门牌号码。

5. 隶属省部是指本单位和行政关系非于哪一个省、自治区、直辖市或国务院部门注管，非排其名称填入表中，如果本单位有地方部门双重隶属关系，请填主要的隶属关系填写。

6. 单位属性：是指本单位在：1.独立科研机构 2.大专院校 3.工矿企业 4.集体或个体企业 5.其他正类性质中居于哪一类，非在栏中选填 1.2.3.4.5.即可。

科 技 成 果 登 记 表

成 果 名 称	天 津 破 厂 破 渣 土 的 工 程 利 用 研 究																
																	限 35 个 汉字

研究起始时间	1 9 9 6 1 0 1	研究终止时间	1 9 9 7 1 0 1

成果第一完成单位

单位名称	建设部建设环境工程技术中心			
求隶省部	代码 □ □ □	名称 建设部		
所在地区	代码 □ □ □	名称 北京	单位属性 (1)	1. 独立科研机构 2. 六专院校 3. 工矿企业 4. 集体个体 5. 其他
联系人	李 显 忠			
邮政编码	100007	联系电话 1. (010)64025666　2.		
通信地址	北京市东直门内大街177号			

鉴定日期	1 9 9 7 1 2 2 3	鉴定批准日期	□ □ □ □ □ □ □ □

组织鉴定单位名称	建 设 部 科 技 司							限 20 个 汉字

成果有无密级	(0)	0－无 1－有　密级 ( ) 1－秘密 2－机密 3－绝密
成果水平	(2)	1－国际领先 2－国际先进 3－国内领先 4－国内先进
任务来源	(2)	1－国家计划 2－省部计划 3－计划处
应用行业大类	(10)	01－农、林、牧、渔、水利 02－工业 03－地质普查和勘探业 04－建筑业 05－交通运输、邮电通讯业 06－商业、饮食、物资供销和仓储业 07－房地产、公用事业居民和咨询服务业 08－卫生、体育、社会福利业 09-教育文化、艺术、广播和电视业 10－科学研究和综合技术服务业 11－金融、保险业 12－其他行业
应用情况	(1)	1－已应用　未应用原因：A－无接产单位 B－缺乏资金 C－技术不配套 D－工业性实验前成果 E－其他
转让情况	(1)	1－允许出口 2－限国内转让 3－不转让

科 研 投 资 （万 元）		应 用 投 资 （万 元）	
国家投资		国家投资	
地方、部门投资	30	地方、部门投资	
其他单位投资		其他单位投资	
合 计		合 计	

本 年 度 经 济 效 益 （万元或万美元）					
新 增 产 值		新 增 利 税		其中创收 外 汇	

283

鉴 定 委 员 会 名 单

序号	鉴定会职务	姓 名	工 作 单 位	所学专业	现从事专业	职称职务	签 名
1	主任委员	胡海涛	中国工程院	岩土工程	岩土工程	院士、研究员	
2	副主任委员	刘广志	中国工程院	环境工程	环境工程	院士、研究员	
3	副主任委员	李国泮	建设部科技委	工民建	工民建	教授级高工	
4	委员	叶耀先	中国建筑技术研究院	岩土工程	岩土工程	教授级高工	
5	委员	夏宗汧	中国城市规划设计研究院	建筑工程	城市规划	教授级高工	
6	委员	石振华	中国建筑工业出版社	岩土工程	岩土工程	教授级高工	
7	委员	刘传正	中国水文工程地质勘查院	岩土工程	岩土工程	教授级高工	
8							
9							
10							
11							
12							
13							
14							
15							

主 要 研 制 人 员 名 单

序 号	姓 名	性别	出生年月	技术职称	文化程度	工 作 单 位	对成果创造性贡献
1	李显忠	男	1965.5	副研究员	博士研究生	建设部建设环境工程技术中心	项目负责人、报告总编
2	方鸿琪	男	1933.12	研究员	大学	建设部综合勘察研究院	报告市核人
3	闫树旺	男		教授	博士生导师	天津大学岩土工程研究所	项目主要参加人
4	祁寿篯	男		高级工程师	大学	天津碱厂	项目主要参加人
5	石明磊	男	1974.3	助理工程师	大学	建设部建设环境工程技术中心	项目主要参加人
6	彭久华	男	1966.3	助理工程师	大学	塘沽区房地产开发总公司	项目主要参加人
7	谢金良	男	1963.5	工程师	大学	建设部建设环境工程技术中心	项目参加人
8	吴江虹	男	1965.1	工程师	大学	建设部建设环境工程技术中心	项目参加人
9	张福存	男	1939.12	高级工程师	大学	建设部建设环境工程技术中心	项目参加人
10	史瑞卿	女	1964.6	副研究员	研究生	建设部建设环境工程技术中心	项目参加人

附件3 国家环保总局专家论证意见

国家环境保护总局司发文

环控发〔1999〕42号

关于碱渣制工程土环境影响专家
论证意见的函

天津市环保局：

根据你局的报告和领导的批示，我局组织在环境工程、环境监测、环境生态、化学化工等领域和学科的资深专家，对天津碱厂"碱渣制工程土技术应用的环境影响"进行了论证。专家们认为该项治理技术可行，适用于该地区的滨海高盐渍土地带，填垫回用后，不会引起土壤、地下水的二次污染（专家论证结论意见附后）。

请你们在专家论证结论意见的基础上，调动各方面的积极性，继续推动碱渣治理，确保实现预定的治理目标。

附：关于对天津碱厂碱渣制工程土应用的环境影响论证结论意见

一九九九年十月十三日

主题词：环保 环境影响 意见 函

国家环境保护总局办公厅　　　　1999 年 10 月 13 日印发

关于对天津碱厂碱渣制工程土应用的环境影响论证结论意见

一九九九年九月十三日至十四日由国家环境保护总局组织清华大学、中国科学院、国家石油和化学工业局、中国纯碱工业协会、天津市环境保护局等单位召开了天津碱厂"碱渣制工程土技术应用"的环境影响论证会，由聂永丰等九名专家（名单附后）对天津碱厂碱渣制工程土技术应用的环境影响进行了充分论证，结论意见如下：

1、本项目成果技术资料、文件齐全，符合论证要求。本成果是一项纯碱工业碱渣利用的环境工程研究成果，技术可行，适用于天津市塘沽区、开发区、保税区、天津港等滨海盐渍土地带，用于大规模低洼地和滩涂工程填垫，可减少碱渣占地，而且有利于保护和开发利用土地资源。

2、本项目通过大量可靠的室内外试验和工程实践，解决了碱渣土的工程性能、工程利用、环境影响等三方面的问题，本项目成果具有处理费用低，技术可靠、易操作等特点，为我国氨碱法纯碱厂的碱渣大规模综合利用提供了可行的技术方法和途径。

3 碱渣及其碱渣制工程土的浸出液中，有害元素含量低于国家有关标准，碱渣制工程土回用于滨海高盐渍土地区，不会引起土壤、地下水环境中盐基离子、有害元素的二次污染。在工程土的回用中，应加强统一规划，严格操作规程，加强施工管理，确保工程质量，加强工程土回用区环境要素监测。

4、本项目是一项适用的环保技术，符合国家的环境保护和资源综合利用方针政策，具有显著的社会效益、经济效益和环境效益。

论证会专家组组长：

286

天津碱厂"碱渣制土工程技术"的环境影响论证会专家名单

序 号	姓 名	工作单位	职称职务	签 名
1	魏复盛	中国环境监测总站	中国工程院院士	魏复盛
2	聂永丰	清华大学	教授	
3	王效科	中国科学院生态中心	博士、研究员	
4	宋安宁	国家环保总局科技司	高工	
5	傅孟嘉	中国纯碱工业协会	教授级高工	
6	钱汉卿	北京化工研究院	教授级高工	钱汉卿
7	刘国华	国家化工总局环保办	高工	刘国华
8	张平	天津市环保局	高工	
9	辛志伟	天津市环保局	高工	辛志伟
10				

287

附件 4 建设部科技成果推广转化指南项目证书

证　　书

建设部综合勘察研究设计院
（建设环境工程技术中心）：

　　经评定，你单位"天津碱厂碱渣土的工程利用"项目被列为建设部二〇〇〇年科技成果推广转化指南项目。

项目编号：20010
证书编号：20014
（此证有效期三年）

二〇〇〇年九月二十八日